유럽 문화 수도 페치에서의 일 년

헝가리에서
보물찾기

헝가리에서 보물찾기

초판인쇄 2014년 2월 3일
초판 3쇄 2019년 1월 11일

지은이 김병선
펴낸이 채종준
기 획 조가연
편 집 한지은
마케팅 송대호
디자인 이효은

펴낸곳 한국학술정보(주)
주 소 경기도 파주시 문발동 파주출판문화정보산업단지 513-5
전 화 031) 908-3181(대표)
팩 스 031) 908-3189
홈페이지 http://ebook.kstudy.com
E-mail 출판사업부 publish@kstudy.com
등 록 제일산−115호(2000.6.19)

ISBN 978-89-268-5448-8 03980

유럽 문화 수도 페치에서의 일 년

헝가리에서
보물찾기

TREASURE HUNT IN
HUNGARY

글 / 김병선

이담
Books

prologue

나는 한국학중앙연구원의 파견교수 신분으로 2011년 말부터 2012년 말까지 중부 유럽의 헝가리에서 체류했다. 헝가리는 유럽의 동양이라고 할 정도로 우리나라와는 많은 점에서 닮았다.

인도유럽어가 지배하고 있는 유럽에서도 헝가리는 독특하게 우랄어 계통 언어를 쓰는데 이 언어는 알타이어Altaic Language인 우리말과는 사촌쯤 된다. 헝가리 사람들은 체구나 골격 면에서는 이미 유럽권 사람과 다를 바 없지만 정서나 문화에 있어서는 우리와 비슷한 점이 많다. 특히 이름을 '성-이름' 순으로 쓴다. 시공간에 대해서는 큰 데서 작은 데로, 말하자면 연역적인 순서로 표시한다. 주소는 먼저 우편번호를 쓰고 다음은 광역 행정구역에서 골목이름+번지수 순으로, 연도는 연-월-일 순으로 쓰는데, 이는 유럽에서 이 나라가 유일하다.

음식도 한국과 통하는 점이 많다. 헝가리를 표상하는 양념인 파프리카는 우리 고추와 비슷하고, 그 가루는 약간 달기는 하지만 고춧가루와 똑같다. 흔히 우리가 '다대기'라고 부르는 다진 양념 같은 것도 사용하는데, 이걸로 만든 음식들은 우리 것과 맛이 비슷하다. 육개장과 맛이 똑같은 '구야시gulyás', 생선매운탕인 '헐라슬레halászlé'뿐 아니라 양배추로 돼지고기를 감싸고 사워크림과 파프리카 가루로 맛을 낸 '카포스터káposzta 수프'는 김치찌개를 생각나게 한다.

나는 헝가리 남쪽의 국경도시라고 하는 페치Pécs에서 살았다. 국립대학인 페치 대학교에는 아직 한국학 전공은 없으나, 한국을 공부하고자 하는 학생들이 있어서 그곳에서 한국어와 한국 문화를 가르쳤다.

페치는 2010년 유럽의 문화 수도로 지정될 만큼 오랜 역사를 자랑하는 유서 깊은 도시다. 특히 초기 기독교인들이 이곳에서 신앙생활을 열심히 했고, 그 유적과 무덤이 유네스코의 세계문화유산으로 등록되어 있다. 도시는 전통적인 중세 유럽풍의 건물로 뒤덮여 있고, 각종 건축 양식이 고스란히 남아 있는 거리는

다른 나라 유럽인들의 관심을 끌고 있다.

하필 페치로 가게 된 것은, 여러 가지 이유가 있지만 그곳에서 아들 둘이 공부를 하고 있는 것이 가장 직접적 이유였다. 큰애는 치과대학을, 작은애는 의과대학을 다닌다. 앞으로도 몇 년씩 더 공부해야 하지만 지난 일 년은 엄마, 아빠와 함께 보냈다.

네덜란드의 헨드릭 하멜이라는 선원은 타고 가던 배가 난파되는 바람에 우리나라 제주도로 상륙하여 이내 억류되었다. 다행히 탈출에 성공해 귀국해서는 그의 경험을 『1653년 바타비아발 일본행 스페르베르호의 불행한 항해일지』라는 책으로 엮어냈다. 우리에게 『하멜 표류기』라는 이름으로 알려진 책이다. 이 책은 당시 조선의 사회 풍속과 생활상을 외국인의 입장에서 기록한 것으로 이를 통해 유럽에 처음으로 한국이 알려지게 되었다. 또한 그의 14년에 걸친 조선 억류 생활의 결과물이어서 자료적 가치가 높다.

나의 헝가리 체류 경험을 기록하고자 하니, 양심에 좀 거리껴진다. 겨우 1년 체류로 무엇을 알겠는가. 적어도 하멜처럼 14년은 아니라도 한 10년은 살아야 하지 않을까? 언어와 문화에 대해서는 미해결의 영역과 미경험의 세계가 아직도 남아 있는데, 그리고 헝가리

인들의 마음을 얻는 일은 여전히 쉽지 않은데, 그래도 그 부족한 경험의 기록이 의미가 있을까? 헝가리 여행기는 인터넷에 수두룩하게 쌓여 있는데, 거기에 추가할 것이 뭐가 더 있단 말인가? 나의 경험은 나의 경험일 뿐인데 정말 헝가리와 헝가리 사람에 대한 이해에 도움이 될 수 있을까?

그렇다. 나의 기록은 관견管見에 불과할 것이다. 게다가 나는 헝가리에서도 페치라는 도시에 주로 머물렀다. 그럼에도 불구하고 나는 이 경험을 기록하고 싶다. 생활의 기록이라기보다는 생활의 반성이다. 일기를 쓰면서 하루를 되새겨보듯 나는 이 글들을 쓰면서 우리네 생활과 많이도 견주어보았다. 그리고 이어지는 반성, 나는 그 반성을 그대로 공개하기로 한다. 혹, 함께 반성할 분들이 있으면 좋겠다는 생각도 한다.

현지 언론과의 인터뷰에서 나는 페치 생활을 '보물찾기'에 비유했다.
이 도시는, 그리고 헝가리는 정말 값진 보물을 깊이 간직하고 있다.
보물은 결코 눈에 흔하게 보이지 않는다.
당연히 '감추어진 보물'이다.
그래서 찾아야 한다.
페치가 꼭 그런 곳이다.

저자 김병선

나는 이 책을
페치 생활을 함께했던
우리 가족에게 바칩니다.
우리 인생에 값진 추억으로 남기를 바랍니다.

특히 먼 곳에 아들을 보내놓고
돌아올 날만 손꼽아 기다리셨던,
그리고 이제는 하늘나라에 가 계신
어머니 영전에 바칩니다.

이 책에 등장하는
많은 분들께 감사를 표하고 싶습니다.
그분들은 나의 보물찾기에 큰 도움이 되었습니다.

나의 직장
한국학중앙연구원은
나의 생활을 반성해볼 수 있는 좋은 기회를 주었습니다.

책을 출판해 준 한국학술정보(주)와
책답게 만들어준 스태프들께 감사를 드립니다.

● explanatory notes

　　　　　　한국의 외래어표기법과 헝가리 현지의 발음과는
약간의 차이가 있지만 이 책에서 표기하는 헝가리어 어휘는 원칙적으로
국립국어원의 외래어표기법(헝가리어 표기)을 따른다. 그중 'é'는 장음
으로서 'ㅔ'와 'ㅣ'의 중간쯤으로 발음되는데, 외래어표기법에서는 'ㅔ'로
표기하도록 되어 있다. 따라서 'Pécs'라는 지명은 외래어표기법을 따라
'페치'라고 표기한다.

　　인명이나 지명 중 서양 고전에 기원을 두고 있는 것이라든지, 영어식
으로 보편화된 것이라든지, 그 외에 몇 가지 것들은 관용적 표기를 따르
기로 한다. 『표준국어대사전』(국립국어원 간행)에서도 관용적인 어휘는
헝가리어 표기법을 준수하지 않고 있다. 'Budapest'는 표기법에 맞는 '부
더페슈트'가 아닌 '부다페스트'로, 'Magyar'도 '머저르' 대신 '마자르'로
표기한다.

　　외래어표기법에서는 'á'를 'ㅏ'로, 'a'를 'ㅓ'로 표기하도록 되어 있지
만 영어식 독법으로 일반화된 일부 인명과 지명에서는 'a'를 'ㅏ'로 표기
하는 경우가 많다. 음절 말에 나오는 'r'도 'ㄹ'로 표기하는 것이 옳으나
관습으로 굳어진 것은 관습을 존중하기로 한다.

　　이 책에 실린 사진은 특별히 출처 표시가 없는 것은 저자가 직접 촬영
한 것이다. 사용한 본체와 렌즈는 다음과 같다.

Canon 60D body

Canon EF 24-70mm f/4L USM

Canon EF 70-200mm f/4L USM

Canon EF 50mm f/1.4

SIGMA EX 10-20mm f/4-5.6 DC HSM

Contents

1

헝가리여,
내가 가노라

헝가리여, 내가 가노라

●첫 번째 이야기●

첫 번째
방문의 기억

●

처음 만난 헝가리는 J. 브람스Brahms와 F. 리스트Liszt를 통해서였다. 누가 먼
저인지는 기억나지 않는다. 이들은 헝가리를 제목에 넣은 음악을 작곡한
사람들이다. 그중 브람스는 독일 사람으로 오스트리아에서 활동을 했고,
리스트는 헝가리 사람이지만 주로 헝가리 바깥에서 활동했다. L. v. 베토
벤은 그 유명한 〈월광 소나타〉를 헝가리의 마르톤바샤르Martonvásár에서 작
곡했다. 그 역시 〈헝가리풍의 카프리치오〉라는 제목의 곡을 남겼다.

일반적으로는 국민음악파로 활동하는 작곡가들이 자기 나라의 민족
적 정서를 나타내기 위해 애를 쓴다. 체코의 스메타나Bedřich Smetana는 〈몰다
우 강Moldau River〉을 썼고, 핀란드의 시벨리우스Jean Sibelius는 〈핀란디아Finlandia〉
를 작곡했다. 헝가리의 리스트음악원Liszt Ferenc Zeneművészeti Egyetem에서 공부한
안익태는 그의 〈애국가〉를 변용하여 〈한국 환상곡〉을 만들었다. 이들은
모두 자기 민족에 대한 애정을 음악으로 표현하고자 애를 쓴 사람들로서
그 민족을 나타내는 지명을 사용해 당대의 어려움을 극복하려는 민족적
의지를 나타내고자 했다.

그러나 국민음악파 작곡가가 아닌 브람스와 리스트가 나라 이름과 특별한 지명을 제목에 넣은 것은 그들이 그 나라에 대한 이미지를 나타내려고 고민한 결과라 할 수 있다. 브람스는 〈헝가리 무곡Hungarian Dances〉이란 관현악곡을 21개 썼고, 리스트는 〈헝가리 광시곡Hungarian Rhapsody〉이란 이름으로 19개의 곡을 작곡했다. 두 음악에서 풍기는 분위기는 참 묘하다. 사실 무곡이라면 그 기능이 본래 춤의 반주음악이기에 요한 슈트라우스Johann Strauss의 왈츠 곡에서 느낄 수 있는 흥겨움 같은 정서를 기대하게 되는데, 이와 달리 브람스의 무곡은 대단히 무겁다. 일종의 음악적 아이러니irony라고나 할까?

워낙 브람스가 신중하고 묵직한 톤의 음악을 썼으므로 무곡에서도 그런 경향을 따른 것일 수도 있다. 그러나 무곡의 기본적 조성을 단조minor로 정하는 것은 일반적이지 않다. 21개 중 7개만 장조의 곡이다. 대표적으로 많이 연주되는 5번을 비롯해서 대부분이 단조다.

'음울하고, 쓸쓸하고, 신산하다.'

이것이 브람스의 〈헝가리 무곡〉에서 느낄 수 있는 정서다. 요한 슈트라우스의 왈츠가 궁정의 화려한 볼룸에서 연주되는 느낌이라면, 브람스의 무곡은 아주 오래된 건물에서 망명자들이 고국을 그리워하며 자신들의 리듬에 맞추는 느낌을 준다.

리스트도 마찬가지다. 광시곡狂詩曲이라고 번역되듯 랩소디는 규범에 얽매이지 아니하고, 정서적인 자유로움을 추구하는 환상풍의 음악이다. 우리에게 가장 잘 알려진 2번의 경우도 가단조C-minor로 되어 있다. 리스트는 주로 헝가리 집시음악을 채용하였다고 한다. 리스트가 헝가리 집시음악을 제대로 채용했는지에 대해서는 비판도 없지 않지만 어쨌든 이 곡을 듣고 있노라면 눈보라가 임박한 겨울 들녘이 연상된다. 브람스의 음악에서 느낄 수 있는 정서와도 크게 다르지 않다.

한마디로 헝가리 밖에서 들어본 헝가리 음악은 그렇게 쓸쓸했다. 두 사람의 작곡가가 헝가리의 전래음악을 존중하여 작곡한 곡이고, 게다가 곡의 제목에 나라 이름까지 박아놓았으니 나의 헝가리에 대한 첫인상은 그 쓸쓸함의 범위를 벗어나긴 어려웠던 것이다.

음악으로 맺어진 헝가리에 대한 인연은 2006년에 실제 만남으로 이어졌다. 그해 12월 중순, 업무차 독일과 오스트리아의 한국학 연구기관을 순방하였는데 그때 빈Wien에서 주말을 이용해 부다페스트에 잠깐 다녀간 일이 있었다. 기차를 타고 부다페스트로 가는 도중, 국경선에 위치한 기차역에서 군인 복장을 한 사람들이 올라와 여권 확인을 하는 것으로 출입국 심사를 대신했다. 그때는 셍겐 조약Schengen agreement[1] 체결 전이라 검문을 했던 것인데 기차로 국경을 넘는 것도 처음이고, 그런 식의 검문도 매우 신기했다.

처음 만난 헝가리 평야는 겨울이어서 그런지 가끔 푸른 풀밭이 보이기는 했지만, 방금 전에 본 오스트리아의 전원, 그리고 그전에 본 독일의 전원 풍경과는 달리, 사뭇 황량한 들판이 을씨년스러워 보였다. 부다페스트를 처음 만난 인상도 그랬다. 도시 전체가 침울했다. 건물은 한결같이 낡았고, 그나마 외벽에 낀 검은 석탄재는 이방인인 우리를 전혀 반길 의사가 없는 듯했다. 시내 교통수단들도 오래된 것들이었고, 소음도 심했다. 그냥 서구적 관점으로만 보니 풍경이 눈에 들어올 수가 없었다. 부다페스트를 가로지르는 '두너 강'은 슈트라우스 왈츠의 제목 같은 '아름답고 푸른 도나우 강'은 전혀 아니었고, 안개에 살짝 젖은 도회의 풍경은 좀처럼 눈에 가깝게 다가오지 않았다.

그나마 저녁이 되니 제일 번화가라 하는 바치Váci 거리의 상점들에 조명이 들어오고, 군데군데 광장에 설치된 크리스마스 마켓 덕분에 좀 활기가 생겼을 뿐이었다.

[1] 셍겐 조약은 유럽 각국이 공통의 출입국 관리 정책을 사용하여 국경 시스템을 최소화해 국가 간의 통행에 제한이 없게 한다는 내용을 담은 조약이다. 총 25개국의 셍겐 조약 가맹국 사이에서는 국경의 검문소를 철거하여 자유롭게 여행할 수 있다.

물론 전날 보았던 빈 시청에 설치된 루미나리에luminarie의 화려함에는 도무지 댈 수가 없었다.

그래도 기억에 남는 것은 먹을거리였다. 부다Buda 성 골목의 어느 음식점에서 우리 육개장과 똑같은 맛을 느끼게 해주었던 구야시 수프, 가끔 보게 되는 붉은색의 마른 고추들, 그리고 크리스마스 마켓에서 만나본 따뜻한 포도주mulled wine, 헝가리어로는 포랄트 보르 forralt bor……. 원래 알코올을 좋아하지 않지만 추운 날씨에 가슴을 녹일 수 있는 달콤한 액체가 고맙게 여겨졌다. 그리고 성 이슈트반Szent István 성당 정문 위에 새겨진 라틴어 몇 단어…….

부다페스트의 크리스마스 마켓 2006

밤에 본 성 이슈트반 성당 2006

'EGO SUM VIA VERITAS ET VITA'
성당에 새겨진 말이란 것을 전제로 뜻을 추적해보기로 했다.

ego는 심리학에서 들어본 말이다: '자아自我'
via는 항공우편을 부칠 때 봉투에 쓰는 말이다: 'via air mail'
veritas는 주요 대학의 교표에 등장하는 말이다: '진리眞理'
vita는 비타민의 앞부분이다: 'vitamin'
성당 입구 위 아치에는 예수님이 팔을 벌리고 제자들을 향해 말씀하고 있었다.

이 정도로 생각을 해보니 정답이 나왔다.
'내가 곧 길이요, 진리요, 생명이니…….'
요한복음 14장 6절의 예수님 말씀이다.

도시의 중심에 자리 잡고 있는 대성당과 거기 커다랗게 새겨놓은 예수님의 말씀은 이 나라의 종교적·정신적 지향을 짐작하게 해 주었다. 그리고 이러한 암호 풀이를 통해 한동안 빠져본 나르시시즘만이 마냥 쓸쓸함에 젖어 있는 나를 위로해 주었다. 하지만 다시 올 기약은 없이 그냥 밤차를 타고 빈으로 돌아오고 말았다. 그다지 깊은 인상도, 추억도 없이 돌아온 것이다. 부모의 채근을 못 이겨 나간 맞선을 그냥 의

무적으로 마친 격이라고나 할까?

나에게 헝가리는, 부다페스트는 그런 정도에 불과했다. 그리고 '쾨쇠넘' 같은 헝가리어 인사말 대신 우습게도 라틴어 몇 마디만 배우고 돌아왔다. 문화에 대한 관심 없이 그냥 떠난 원데이 투어는 추위에 지쳐서 그만 그렇게 끝나고 말았다. 그리고 음악을 통해 각인된 나의 이미지는 별로 수정되지 않았다.

헝가리여, 내가 가노라

●두 번째 이야기●

드디어
유럽이다

●

매우 안 된 얘기지만 한국에서 헝가리로 가는 직항편은 없다. 거꾸로 생각해 보면 헝가리로 가는 방법은 수백 가지도 넘는다. 부다페스트까지는 비행기를 적어도 한 번 이상은 갈아타야 한다. 비행 거리상 가장 짧은 노선은 핀란드의 헬싱키를 거치는 것이다. 그 밖에도 독일의 프랑크푸르트, 프랑스의 파리, 네덜란드의 암스테르담, 러시아의 모스크바, 체코의 프라하, 오스트리아의 빈을 거치는 노선도 있다. 중동의 카타르 도하나, 터키 이스탄불 경유 노선도 가능하다. 우리 내외는 프라하를 거쳐서 가기로 했다.

　프라하 공항에 내리자마자 현지 항공사 직원의 안내로 입국 심사를 받고, 공항 청사를 부리나케 가로질러 부다페스트행 탑승장으로 갔다. 예정 도착 시간보다 좀 늦어서 비행기를 놓칠까 봐 마음 졸였지만, 막상 출발은 한 시간쯤 지연되었다. 공항에는 일찍 크리스마스 휴가를 즐기려는 사람들로 붐비고 있었다. 지금은 경영난으로 문을 닫아버린 헝가리 국영

항공사 말레브Malév 항공의 쌍발기를 타고 밤늦게 부다페스트로 향했다. 프라하 상공에서 내려다보니, 거리의 가로등이 줄을 이어 점점이 박혀 있었는데 도시 전체가 마치 하나의 크리스마스트리 같다는 생각이 들었고, 보석 같기도 했다.

최종 목적지를 앞두고 잠시 사념에 잠겼다. 첫 번째 방문의 기억이 그리 좋지는 않은 채 두 번째로 헝가리와 인연을 맺게 되니 사실 반신반의의 심정이었다. 의과대학 예비학교 과정을 밟으러 현지에 도착한 아이들로부터도 아니나 다를까 부정적인 얘기들이 계속 전해져 왔다. 아이들은 상당한 문화적 충격을 받은 모양이었다. 다운타운이 뉴욕의 할렘가 같다는 표현을 썼다. 사람들로부터도 환대는 고사하고 호의적인 표정조차 찾아볼 수 없다고 했다. 그럴 때마다 거기가 유럽의 복판이니 그쪽 문화를 존중하고 잘 지내라 하는 말밖에 달리 대처할 길이 없었다.

아이들이 무슨 문화를 향유하러 간 것은 아니고, 당장에 의대 입학의 관문을 통과해야 하며, 또 입학을 하면 학업을 잘 마쳐야 하는 상황인데, 부모 입장에서는 소위 선진국으로 보내지 못한 아쉬움이 없지는 않았다. 아무리 그렇더라도 유럽은 유럽인데…….

부다페스트 공항에 도착하니, 예약한 미니 셔틀버스가 기다리고 있었다. 버스 기사가 내 이름이 적혀 있는 종이를 들고 환영해 주었다. 밤늦은 시간이라 입국장은 한산했다. 오직 마중 나온 사람들과 택시기사들이 서성일 뿐이었다. 우리는 거기서 다시 한 시간 반쯤 기다려야 했다. 왜 출발하지 않는지 기사는 도무지 설명이 없다. 상황을 보니 유럽과 세계의 여러 곳에서 페치로 오고 있는 사람들을 채워서 가야 하는 모양이다. 그리고 그 사람들은 한꺼번에 입국을 하는 것이 아니라 드문드문 도착했다. 스페인에서 오는 아주머니와 꼬마를 마지막 승객으로 태우고 스타렉스

버스는 페치로 향했다. 한밤중에 다시 만난 부다페스트는 별말이 없었다. 곧바로 페치로 가는 고속도로를 탔다.

이제 우리는 그곳으로 간다.

아이들이 기다리는 곳, 페치로…….

고속도로에서 나와 눈 덮인 도로를 따라가니, 희미하게나마 멀리 산이 보였고, 그 아래로 프라하에서 보았던 것처럼 줄을 잇고 있는 가로등의 불빛이 보였다. 페치에 도착한 것이다. 다른 승객들이 하나둘 목적지에서 내린 후, 우리가 제일 마지막에 내렸다. 아이들은 잠을 설친 채 우리를 기다리고 있었다.

우리는 정말 유럽에 도착한 것일까? 두 번째 방문과 이어지는 헝가리 생활에서 우리는 그 말이 옳다고 인정했다. 아무리 경제사정이 어렵다 해도 그곳은 유럽이었다. 그리고 유럽의 복판이기도 했다. 실제로 헝가리 사람들은 자신들의 국가가 유럽의 '배꼽'이라고 주장하고 있다. 그와 같은 지정학적 위치 덕분에 파란만장한 역사를 겪을 수밖에 없었지만 말이다. 특히 페치는 한 세기 전쯤으로 시간을 되돌려놓은 듯한 유럽이기도 했다. 유럽이라고 해도 다 같은 문화는 아니지만, 페차라는 도시는 유난히 지난 한두 세기 정도는 시간이 흐르지 않은 듯했다. 아이들 말을 빌리면 인터넷이 깔린 19세기, 그 말이 딱 맞을 듯하다. 이제 이 이방의 땅에서 일 년을 나그네로 살아가야 하는구나.

우리의 헝가리 생활은 가족사에도 하나의 고비가 되는 시점이기도 했다. 아이들과 함께 생활할 수 있는 시간도 어쩌면 금년이 마지막일 것 같았다. 학교를 졸업하면 하나는 자기 일을 찾아 떠나가야 하고, 하나는 군대를 가야 하니 말이다. 아이들을 헝가리로 보내놓고, 부모가 한 일이라고는 '위하여 기도하는 일', '학비며 생활비 부쳐 주는 일', '시시때때로 한국식품 보내 주는 일', '가끔 전화해서 공부 잘하느냐, 아픈 데는 없느냐?라고 묻는 일'이 전부였다. 그리고 아주 가끔 구글Google 지도를 뒤져서 집이며 학교의 위치를 들여다보는 그 정도였다.

위성사진으로만 보던 도나투시Donátusi 거리의 아이들 집에 도착했다. 구글 지도의 현장에 들어와 있는 것이다. 그리고 바로 건넌방에서 아이들의 숨소리를 느낄 수 있게 된 것이다.

그래 한번 멋있게 살아 보자!

유럽을 만끽해 보자!

예술과 문화에 대한 감각도 확장해 보자!

이런 설렘과 다짐으로 나의 헝가리에서의 첫날밤이 저물어갔다.

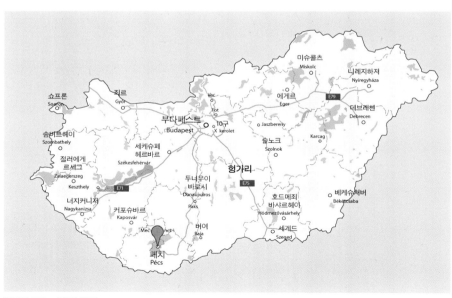

헝가리 지도. 페치의 위치

페치의 주요 명소. 페치 관광 안내 사진

●세 번째 이야기●

최초의 접촉,
이사

●

도착하자마자 이사부터 해야 했다. 아이들이 살고 있던 도나투시 거리의 집은 제법 널찍했지만 방이 두 개뿐이고, 욕실도 설비가 불편했으며, 특히 공간이 크다 보니 난방비가 만만치 않았다. 게다가 엄마, 아빠와 살림을 합치게 되니 자연히 방 하나가 더 있는 집이 필요했다. 언덕 위 고급 주택가에 아름다운 3층짜리 단독주택의 1층을 독차지하고서, 앞산의 산록에 점점이 놓여 있는 주택들을 바라보는 즐거움을 누리는 것은 좋았지만, 그 언덕이 도보 통학에는 어려움이 되었다. 그래서 우리가 헝가리에 도착하기 전에 조건에 맞는 주택을 아이들이 이미 구해놓았다. 학교와 더 가까운 곳의 70m² 넓이에 방이 세 개 있는 곳이었다.

며칠 만에 이사를 하면서 처음으로 만난 현지 헝가리인은 이삿짐을 날라 주는 인부들이었다. 뭐, 말은 한 마디도 안 통했다. 그러니까 헝가리에 도착해서 업무상으로 헝가리어만 할 줄 아는 사람과 처음 만난 것이다. 이삿짐센터에는 오후 두 시에 오라고 얘기해 두었는데, 의사소통에 문제가 있었는지 열두 시가 되자마자 인부 두 사람이 들이닥쳤다. 막 끓기 시

▲ 테티에 공원에서 바라본 페치 시내

▼ 접촉 – 아이와 만나다

작한 라면 냄비의 물은 포기할 수밖에 없었다. 이삿짐 꾸리기를 마무리하는 동시에 한편으로는 집 청소를 했다. 의사소통은 안 되었지만 아이들이 학생센터를 통해서 구한 인부들이라서 자기들이 무얼 할지는 잘 알고 있었다. 두 사람은 힘든 물건을 나르면서도 전혀 싫은 내색을 하지 않았다. 한겨울인데도 땀을 뻘뻘 흘릴 정도로 쉬지 않고 일을 했다.

문제는 새로 이사 들어갈 집에서 생겼다. 아파트 주인을 한 시 반에 만나기로 했는데, 우리가 짐을 너무나 잘 꾸려 놓는 바람에 이사 트럭이 한 시쯤 도착해버린 것이다. 다행히 현관문이 열려 있어 3층 복도에 짐을 쌓아 두기 시작했다. 그런데 잠시 후 이 인부들이 자기들끼리 무슨 말을 하더니 업무를 중단해 버리는 것이다. 이런 답답할 노릇이 있나. 미국이나 영국과 똑같은 알파벳을 쓰면서도 영어라고는 한 마디도 못하는 이 사람들에게 내가 납득할 만한 이유를 듣는 것은 기대할 수가 없었다.

하지만 이 언어 천재language genius 필자를 가리킴는 대충 상황을 짐작하고 그들의 신체언어를 잘 해석해 냈다. 복도에 짐이 가득 찼으니 문을 열어줄 때까지 일을 중단하겠다는 뜻이었다. 겸사겸사 핑계 김에 잠시 쉬겠다는 속마음도 읽을 수 있었다. 한국 같으면 이삿짐센터에서 미리 사람이 방문해 이삿짐의 규모, 포장의 난이도, 이동거리 등을 고려해 견적을 내는 방식, 즉 일의 질quality과 비용이 연결되는데, 이곳에서는 일하는 시간과 비용이 연결된단다. 이처럼 이사를 맡긴 사람의 사정에 따라 일을 잠시 멈추게 되면, 그 노는 시간의 비용조차 이사를 맡긴 사람이 물어야 하는 것이다. 마치 시간-거리 병산제의 택시 요금 산정 방식이나 마찬가지다.

하여튼 나는 어떻게 대처할 방법이 없어 '집주인이 몇 시쯤 온다'고 이 사람들에게 알려주고 싶었다. 궁리 끝에 손목시계의 분침(1시 10분쯤에 있었다)을 가리키고, 손가락을 오른쪽으로 돌려서 30분의 위치까지 내리는 동작을 보여주었다. 그들이 대충 고개를 끄덕였다. 어쩔 수 없는 상황에서 일을 중단한 것 외에는 전혀 요령을 피우지 않았다. 이사를 마치고 약속된 두 시간분의 비용인 2만 포린트[2]를 지불했다. 그리고 무거운 짐을 3층까지 나르느라 한겨울인데도 이마에 땀이 송골송골 맺힐 정도로 고생한 것이 고마워서 약간의 팁을 별도로 주었다.

사실 나중에 또 우리가 이사할 때에도 공교롭게 그 두 사람이 다시 왔다. 처음 이사할 때는 계약 금액에 팁까지 얹어주었는데 나중에는 어찌하다 보니 팁을 줄 틈이 없었다. 그러나 팁이 있건 없건 일하는 태도에는 차이가 전혀 없다. 참 순박하고도 무던한 사람들이었다.

[2] 헝가리의 화폐 단위는 포린트(forint)다. 이를 줄여서 ft 또는 HUF로 표시하기도 한다. 200포린트까지는 동전이, 500포린트 이상은 지폐를 사용한다. 제일 높은 단위는 2만 포린트다. 한국 원화와의 환율은 대체로 5:1이다. 현지 가격에 5를 곱하면 한국 돈으로 간단히 계산할 수 있다.

헝가리여, 내가 가노라

●네 번째 이야기●

인터넷을
개통하다

●

헝가리에 있는 나에게 우리나라 학생들이나 친지들이 빠뜨리지 않는 질문이 '인터넷은 잘 되나?'였다. 그거야말로 내가 가장 관심을 가진 문제이기도 했다. 물론 아이들이 먼저 자리를 잡고 있었고, 인터넷을 그런대로 원활하게 사용하고 있다는 것을 알고 있었기에 한국과의 소통에 대한 대비를 미리 충분히 한 상태에서 출국을 했다. 특히 지도하고 있는 학생 중에 학위논문 심사를 받아야 하는 학생도 있었고, 수행하고 있는 연구 프로젝트의 지속을 위해서도 인터넷은 매우 중요했다.

문제는 이사를 하면서 발생했다. 전에 사용하던 T 업체에 이사 사실을 통보하고 이전 설치를 신청했는데, 이게 제때 이루어지지 않았던 것이다. 그리고 한 보름이나 지나야 설치해준다는 것이다. 성질 급한 한국 사람이 진짜 참을 수 없는 것은 인터넷 속도다. 그런데 속도는 고사하고 인터넷 자체를 쓸 수 없게 되니 거의 공황상태가 오지 않겠는가? 좀 과장이긴 하지만 현지 대학과 의사소통을 이메일로 계속해 왔는데 인터넷이 안 된다니 정말 힘든 상황이었다. 결국 새로 U라는 통신사에 설치를 타

진해 보았고, 다행히도 이틀 만에 개통이 되었다. T 업체와는 이미 1년짜리 약정을 했기 때문에 결과적으로 두 개의 인터넷망을 사용하게 된 것이다. 이전에 살던 집에서는 인터넷 속도가 전화선을 이용하는 ADSL 수준이었으나 새로운 통신사는 케이블 모뎀을 지원해 주어 속도가 제법 빨랐다. 덤으로 현지 공중파 TV 방송 채널도 서너 개는 볼 수 있었다. 한국과의 인터넷 전화기도 마치 옆집과 전화하듯 목소리가 또렷했고, 지연 현상도 나타나지 않았다. 다만 한국 사이트에 접속할 때 속도가 현저하게 줄어드는 현상은 거리상 나타나는 일이라 생각되었다. 선로가 지하 공동구에 매설된 한국과 달리 이곳 페치에서는 전신주를 이용하는 구간이 많아 비가 오거나 습기가 많은 날에는 회선 상태가 좋지 못했다. 전화로 음성통화만 하던 시대에도 날씨 영향을 많이 받았다고 한다.

한 가지 불편했던 것은 아웃룩으로 메일을 받을 수는 있으나 보낼 수는 없다는 것이었다. 추후 확인해 보니 SMTP 서버 접속을 허용하지 않는 인터넷 서비스 업체의 보안 정책 때문이었다. 결국 다른 이메일 계정을 사용하게 되었고, 꼭 직장 이메일로 보내야 하는 경우에는 웹 메일web-mail로 접속해서 처리할 수밖에 없었다.

10여 년 전, 미국에 갔을 때 생각이 난다. 그때도 인터넷이 있었다. 신청을 하고 한 달여를 기다려서야 회선이 설치되었고 그 속도도 매우 느렸다. 심지어 일반 전화도 3주 만에 설치되었다. 일반 전화를 하루 만에 설치해 주는 우리나라와는 영 딴판이었다. 그때는 인터넷 음성 채팅 프로그램인 '다이얼패드'를 이용해 겨우겨우 음성통화를 했었다. 그러나 헝가리와 한국 간 음성 통신용으로 사용하는 LG 인터넷 전화기는 국내 전화나 다름없이 깨끗했다.

인터넷 속도가 어지간히 지원되니 파일 전송에도 큰 문제는 없었다. 한국의 TV 프로그램들은 방송이 끝나자마자 파일을 인터넷에서 다운로드할 수 있었고, 노트북이나 태블릿 PC를 이용하여 한국의 뉴스도 실시간으로 시청할 수 있었다. 정말 '지구촌'이라는 말을 실감할 수 있었다.

이렇게 네트워크는 실시간으로 연결되었지만 시차時差, time difference 때문에 생활은 동기화되지 않았다. 시차는 경도가 다른 나라에 사는 사람들에게는 접촉하는 데 있어 언제까지나 장애 요인으로 남을 것이다. 헝가리는 한국과 8시간 차이가 난다. 아침 7시에 헝가리에서 일어나면 그때 한국은 오수가 밀려오는 오후 3시다. 헝가리에서 출근할 때 한국에서는 퇴근하는 셈이다. 헝가리에서는 서머타임 제도를 실시하기 때문에 여름에는 시차가 7시간으로 줄어든다. 나는 농담 삼아 우리 학생들에게 "그대들이 꿈나라에 가 있을 때, 나는 열심히 연구하고 있다는 것을 기억하시오"라고 말하곤 했다. 여하튼 '인터넷이 깔린 19세기'라는 아이들의 평가도 있지만, 페치에서의 생활에 인터넷이 통하니 일단은 서먹한 객지 생활의 고초도 많이 달랠 수 있게 되었다.

무선인터넷Wi-Fi을 설치하고 보니, PC며, 노트북이며, 태블릿 PC며, 휴대전화까지 집에서 접속하는 무선 장비의 숫자가 10개를 훨씬 넘었다. 이러니 인터넷 없이 어떻게 살겠느냐고요…….

페치의 우리 가족.
김아람, 김병선, 권현진, 김여름(코넬리아의 집에서)

헝가리여, 내가 가노라

●다섯 번째 이야기●

정착을 위한 준비들

●

ID 만들고 버스 정기권 끊기

이사도 마쳤고, 이제 슬슬 페치 시내를 탐색해볼 차례가 되었다. 페치의 시내 교통수단은 시내버스밖에 없다. 급하면 택시를 타면 되는데, 이것은 반드시 전화로 불러서 타야 하니 의사소통 준비가 안 된 우리는 엄두를 내지 못한다. 시내 몇 군데서 대기하고 있는 택시를 타도 되지만 집에서 다운타운까지 30분이면 충분히 걸어갈 수 있으니 사실 택시 탈 일도 별로 없었다. 대신 값도 저렴하고 이곳저곳 노선도 많은 시내버스를 이용하기로 했다. 그것도 자가용 승용차를 사기 전까지만 말이다.

　다행히 새로 이사한 집에서 버스 정류장까지는 1분 이내의 거리였다. 한 가지 아쉬운 점은 시내버스가 좀 낡았다는 것이다. 비록 그 무서운(?) 삼발이 마크(메르세데스 벤츠 엠블럼)가 붙은 것이긴 하지만, 들리는 말에 의하면 주로 독일 쪽에서 사용 기간이 지난 중고 버스를 들여온다고 한다. 실제로 페치에서는 에어컨이 작동되는 버스는 보지 못했는데, 부

▲ 일주일 승차권(왼쪽)과 한 달짜리 정기권
◀ 페치 시내버스 승차권

다페스트에서 만난 한국계 기업의 헝가리인 직원은 부다페스트의 버스에 대해서도 불평이 심했다. 다만 버스 두 대가 연결된 '굴절 버스'를 타 보는 것은 런던에서 2층 버스를 타는 것과 같은 즐거운 체험이 될 것 같았다.

페치 시내버스는 편도 요금이 360포린트였다. 물론 운전기사에게 직접 사지 않고, 시내에 있는 판매점에서 미리 열 장 묶음을 사면 더 저렴하다. 360포린트면 한국 돈으로 1,800원이 넘는다. '시내버스 잠깐 타는데 너무 비싼 것 아닌가?' 하는 생각에 정기권을 사기로 했다. 한 달에 6,700포린트(34,000원) 정도면 마음 놓고 탈 수 있기 때문이다.

둘째아들 아람이에게 사전에 정보를 듣고 정기권 판매점을 찾아갔다. 뭘 원하는지 미리 메모를 해 가지고 갔다. 그런데 막상 찾아가 보니 웬걸 사무실 문이 닫혀 있다. 뭐라고 안내문이 적혀 있지만 도통 알 수가 없다. 아마도 점심시간인 것 같았다. 표를 파는 곳이 점심시간이라고 자리를 완전히 비우는 것은 한국에서는 경험하지 못했던 일이다. 오후 근무를 시작한 여직원은 내 요구를 받아주지 않았다. 오로지 알아들을 수 있는 말은 '포토'였다. 다행히 그 말은 외래어를 차용해서 쓰고 있었던 것이다. 비록 철자는 다르지만 발음은 똑같았다. 사진이 왜 필요하지? 이해는 못 했지만 우선 급한 대로 일주일짜리를 3,170포린트에 사게 되었다.

한 달짜리havi bérlet를 샀으면 훨씬 경제적이었겠지만 그렇다고 집에 다시 가서 사진을 가져오기엔 너무 번거로웠다. 한 달권은 매달 초에만 팔기 때문에 그다음 달 초순이 되어서야 사진과 여권을 챙겨 결국 한 달짜리 정기권을 손에 넣을 수 있었다. 더불어서 내 '포토 아이디Photo ID'가 생

페치 시내버스

겼다. 이것은 해당 정기권의 정당한 소유자라는 증명서다. 시내버스를 탈 때마다 운전기사에게 정기권과 ID를 함께 보여주어야 한다. 만일 ID 가 없거나 혹은 다르거나, 유효기간이 경과했거나 하면 부정 승차로 간주된다.

가끔은 불시에 승객들의 승차권 검사를 한다고 한다. 워낙 타고 내리는 것이 개방적이다 보니 승차권 없이 타거나, 승차 후에 검표기에 체크인을 하지 않는 경우가 더러 있기 때문이다. 여행자 입장에서 보면 헝가리에서 가장 무서운 사람들이 바로 검표원이다. 이들은 평상복을 입고 두세 명이 한 조를 이루어 다닌다. 검표를 시작할 때면 '콘트롤Kontroll'이라는 완장을 두른다. 만약 부정 승차로 밝혀지면 8만 원 정도의 벌금을 내야 한다. 표를 끊지 않은 채 혹 콘트롤이 차에 타지 않나 하고 전전긍긍하는 것보다는 정상적으로 표를 사서 타는 것이 정신건강에도 좋을 것이다. 하지만 여전히 부정 승차를 하는 사람들이 있는지, 부다페스트의 대중교통에는 부정 승차 시의 벌금을 안내하는 스티커가 크게 붙어 있다. 실제로 부다페스트 버스에서는 가끔 표를 사지 않고 탄 외국인 관광객들이 곤란한 상황에 처하기도 한다.

도시 중심부가 아닌 곳에서는 승차권 판매점을 찾기 어려운 경우도 있지만, 대부분의 호텔 프런트에서도 일회용 승차권을 구입할 수 있다. 지하철에서는 콘트롤들이 입구를 지키고 있어서 그런지 지하철 내부에서의 검표는 없는 것으로 보인다. 페치에서는 승차권 검사 자체를 보지 못했다. 그리고 전달의 티켓이 있으면 다음 달 초의 며칠간은 유예기간으로 인정해준다고 한다.

미국에서는 주민등록증이나 외국인 거주증 같은 것이 없었고, 오로지 운전면허증이 신분증이 된다. 수표를 사용할 때도 면허증을 함께 보여주어야 한다. 그래서 미국에 도착하면 제일 먼저 하는 공적 활동이 면허증을 받는 일이다. 지금은 한국 면허증을 가지고 있으면 현지 면허로 교환

해 주는 지역도 많다고 하는데 10여 년 전에는 현지인들과 동일하게 면허 시험을 봐야만 했다. 어려운 것은 아니지만 엄격하게 운영하기 때문에 면허를 딴 후에 그 기쁨이 적지 않았다. 이번에도 마찬가지였다. 드디어 헝가리에서도 운송 수단을 떳떳하게 탈 수 있게 되었으니 말이다.

은행 계좌 만들고 체크카드 발급받기

어디에 가든 생활을 하자면 돈이 필요하다. 돈을 싸 짊어지고 간 것은 아니니, 한국에서 생활비를 계속 조달해야 했다. 한국 돈과 헝가리 돈, 그리고 유로화의 상관관계에 유의해야 한다. 쓰고 있는 노트북 컴퓨터 바탕화면에 위젯을 설치해 환율을 실시간으로 확인할 수 있도록 했다. 환전과 송금에 가장 유리한 방법이라 알려진 대로 한국에서 미리 씨티은행 계좌를 만들고, 국제 현금카드까지 발급받아 놓았다. 이 은행의 ATM이 설치된 곳에서는 세계 어디서든 현지 통화로 예금을 인출할 수 있을 뿐 아니라, 따로 환전료나 송금료를 추가로 물지 않고, 단지 미화 1달러만 수수료로 지불하면 되었다.

다행히 페치에도 씨티은행 지점이 있었고, 또 주요 여행지인 부다페스트Budapest, 프라하Praha, 부쿠레슈티Bucureşti, 런던London 등에도 ATM이 있어서 매우 편리하게 이용할 수 있었다. 아쉽게도 오스트리아와 독일, 크로아티아 등의 국가에는 씨티은행 ATM이 없었다.

ATM에서 뽑은 포린트화를 들고 다니면서 일을 봐도 되지만, 그래도 현지에서 카드를 만드는 게 좋을 것 같았다. 헝가리 최대 은행인 OTP 뱅크 페치 지점을 방문하여 계좌를 열고, 체크카드도 만들었다. 해외에서 은행을 이용해본 사람이라면, 역시 한국의 은행이 제일 편리하다는 생각을 하게 된다. 미국에서도 헝가리에서도 창구 이용 시 별도의 비용을 내야 한다. 내 경우에는 수수료를 월정액으로 내기로 했다. 은행에 기여를 많이 하는 사람에 대해서는 이를 면제해 주는 조건이 있지만 기본적으로 창구 이용 서비스료는 은행들의 결코 무시 못 할 수입원이기도 하다. 일정 나이 이하의 대학생들에게는 별도의 카드를 발급해주는데 이 경우에는 수수료를 물리지 않는다.

한국과 비교해 보면 은행의 구조나 창구의 풍경도 조금 다르다. 특히 출납원cashier의 손놀림에 한국 사람은 만족하지 못할 것이다. 젓가락을 사용하는 민족이라서 그런지 한국 은행의 창구 처리 속도는 세계 정상급이다. 계좌 개설이나 해지, 입출금과 송금 등도 척척 신속히 처리해낸다. 헝가리 은행 창구에서는 그러한 속도를 기대하면 안 된다. 필드 매뉴얼대로 처리하는 데 있어서 헝가리 은행원들은 너무 신중하다. 한국 사람 성미에는 맞지 않다. 더러 영어가 통하는 직원이 있기는 하지만, 오히려 손님인 나에게 금융 거래 용어를 물어올 정도로 국제화가 덜 되어 있다.

어쨌든 이제는 헝가리 마켓에서도 떳떳하게 카드를 내밀 수 있게 되었다. 슈퍼마켓의 점원이 말하는 헝가리 돈의 액수가 얼마인지에 대해 고민할 필요가 없어진 것이다. 이제 씨티은행 ATM에서 돈을 뽑아서 OTP 계좌에 넣어주기만 하면 된다.

휴대전화 개통하기

적응의 마지막 단계로 현지 휴대전화를 개통했다. 전화를 쓸 일은 별로 없겠지만 그래도 가족 상호 간이라든지 부다페스트의 교민들이라든지, 또 이웃나라를 여행할 때라든지 꼭 통화가 필요한 경우가 있을 듯했다. 먼저 통신 사업자를 선택해야 한다. 한국에 SKT, KT, LGU+ 등의 기간통신사업자가 있듯, 헝가리에는 T-Mobile, Vodafone, Telenor[3] 등이 있다. 이들은 모두 자기들의 독자적인 통신망을 이용한다. 이 회사들 외에 망을

3 각 사업자에 부여된 식별 번호는 다음과 같다. T-mobile: 30, Vodafone: 70, Telenor: 20.

임대하여 사업하는 소위 별정통신사업자들도 있다. 이런 사업자는 따로 영업점을 내지는 않고 대형 슈퍼마켓에서 휴대전화와 유심USIM 카드를 팔고 있으며, 정액 전화카드도 함께 판다. 페치의대 앞의 리들LiDL이란 슈퍼마켓에 가면 Blue라는 이름의 휴대전화를 판매한다. 물론 약간 더 저렴한 요금제를 무기로 하지만 대부분의 사람들은 기간망 사업자를 선호한다. 전화 쓸 일도 많지 않으니, 선불요금제를 이용하기로 했다. 현지 사람들도 비즈니스를 하는 사람 외에는 거의 다 선불전화를 쓰는 것 같았다.

나는 별 뜻 없이 오렌지색으로 가득한 보다폰 영업점을 선택했다. 통신 브랜드의 대리점에 가서 휴대전화를 구입하면 오로지 그 통신사에서만 사용 가능하다. 말하자면 일종의 잠금장치lock가 되어 있는 것이다.

한국에서 쓰던 전화기는 헝가리 현지에서 한국 통신사의 로밍 폰으로 쓰는 데는 아무 문제가 없으나, 현지 USIM을 구입하여 사용할 경우에는 약간의 문제가 있을 수 있다. 한국의 최신 전화기들은 이제 아예 국가 잠금장치country lock도 하지 않고, 회사 잠금장치factory lock도 하지 않으니 현지의 아무 통신사 USIM을 삽입해도 된다. 다만 어느 시점 이전에 나온 전화기는 잠금장치가 있기 때문에 이를 풀어야만 사용할 수 있다. 인터넷을 검색해 보면, 전화기의 자판에서 숫자와 부호를 입력해 푸는 방법도 있고, 별도의 프로그램을 설치하는 방법도 있다. 어렵지는 않지만 자칫 실수하면 전화기를 아예 사용하지 못할 수도 있다. 이른바 '벽돌폰'이 되는 것이다. 특별한 코드를 넣어주어야 하는 경우에는 해외에 있는 전문업체에서 인터넷을 통해 그 해독 코드를 보내주기도 한다. 직접 얼굴을 맞대지 않으니, 소비자 권리가 보증되지 않는다. 이도저도 어려우면 현지에 GSM이라고 간판이 붙은 가게를 찾아가 볼 수도 있다. 전화기에 따라 비용도 다르고 걸리는 시간도 다르다. 그럼에도 불구하고 해결 못 하는 경우도 있다.

현지에서는 아직도 2G폰이 주류를 이루고 있다. 이러한 피처폰feature phone은 최저 2만 원 정도면 구입할 수 있다. 그것도 세계 최고의 메이커 삼성 브랜드로 말이다. 현지에 워낙 저가 휴대전화들이 많으니, 삼성에서는 기본형 휴대전화부터 프리미엄 휴대전화까지 모든 등급의 휴대전화를 다 만들어서 팔고 있다. 보다폰에 처음 가입했을 때 나도 삼성의 피처폰을 사서 개통했다. 스마트폰은 한국보다 훨씬 비쌌기 때문이다.

통신사와 상관없이 사용할 수 있는 휴대전화(회사 잠금장치가 해제된)는 메디어마켓에서 팔고 있는데, 전용 모델보다 20% 정도 비싸다. 그래서 나도 한국 휴대전화를 살려서 사용해보려고 꽤 많은 노력을 했다. 그 실험대상은 모토롤라에서 처음 나온 스마트폰 모토로이Motoroi였다. 한국 롬 상태로는 보다폰 통신망에서 인식이 안 되었다. 롬을 수정해서 USIM을 넣어 보니 통화나 데이터 통신에는 아무런 지장이 없었으나, 이번에는 SMS가 불통이었다. 한동안 인터넷을 이용한 SMS를 별도의 돈을 주고 사용하기도 했지만, 결국 한국 SKT의 롬이 아닌, 다른 커스텀 롬custom ROM으로 바꾸고 나서야 문제가 해결되었다. 비슷한 작업을 미리 해본 아람이가 도와주지 않았으면 불가능했을 것이다.

한국에서는 퇴물이 된 스마트폰이지만 헝가리에서는 제법 수준이 있는 물건이 되었다. 휴대전화로도 인터넷을 쓸 일이 있을 것 같아, 매달 1,000포린트에 100MB 데이터를 쓸 수 있는 옵션을 부가했다. 그리고 '카카오톡' 앱을 깔아놓으니, 한국에서도 미국에서도 헝가리에서도 '카톡!' 하고 메시지가 날아왔다. 3,000포린트 이상의 밸런스만 유지하면 내 번호를 계속 사용할 수 있다 하여 귀국할 때에도 전화를 살려두었다. 이 번호를 다시 쓸 수 있는 날이 곧 올까?

●여섯 번째 이야기●

헝가리 집에서
거주하다

●

아내와 아이들은 새로 이사한 아파트를 매우 좋아했다. 설비가 좀 부실한 집에서 살다가 렌트를 전문적으로 하는 업체 소유의 아파트로 가니 좋지 않을 수가 없었다. 방 3개에 널찍한 거실까지 갖춘 집의 월세가 한국 돈으로 채 60만 원이 되지 않았다. 두 달분 월세에 해당하는 보증금
deposit을 미리 냈는데, 중개료는 세입자는 면제고 집주인만 낸다고 한다. 나로서는 단독주택에 대한 미련이 없지 않았고, 텃밭이라도 있으면 정말 헝가리식으로 살아보려는 마음도 있었지만, 그것은 그냥 바람에 불과했다.

우리 아파트는 한국식으로 말하면 다세대주택이라고 하는 것이 맞다. 처음 집을 구할 때 주차를 고려하라고 아이들에게 신신당부했다. 이 아파트에는 지하주차장에 6대 정도 주차할 수 있는데, 그 공간을 이용하려면 별도로 15,000포린트를 내야 한다기에, 그냥 뒷마당에 주차를 했다.

그 지하실 위로 3층까지 모두 10세대가 살고 있다. 각 층에 복도가 있고 그 둘레에 각기 다른 규모의 집들이 배치되어 있다. 우리 집은 제일 높은 층인데 이 층에는 집이 두 채만 있어서 다른 집보다는 넓은 편이었다. 근처의 집 대부분이 평평한 슬래브 지붕이 아닌 경사가 급한 지붕 형태였는데 우리 집도 앞쪽과 뒤쪽의 방과 거실은 경사진 천장을 접하고 있었다. 따라서 자연히 창은 그 경사면에 조그맣게 낼 수밖에 없다. 그래서 개방감은 없는 구조였다. 반면, 벽에 붙여놓은 거실 소파에 드러누워 곧장 올려다보면 그 창을 통해 하늘이 보인다. 잠시 누워 있다가 구름을 바탕으로 까마귀 떼가 지나가는 것을 보기도 했지만 그것은 정말 우연이었다. 주로 청명한 하늘만 보인다. 아마 맑은 날 밤이면 별빛도 잠시 다녀가겠지 하는 기대가 든다.

천장에는 단열재가 넉넉하게 들어가지는 않은 듯했다. 겨울에는 난방용 가스비가 제법 나왔고, 여름에는 한낮에 달궈진 기왓장의 열기가 저녁 늦게까지 느껴졌다. 특히 지난여름에는 거의 40도에 육박하는 날씨를 견디다 못해, 집주인에게 에어컨 설치를 요구할 수밖에 없었다. 하지만 불행히도 워낙 더워 매장의 에어컨이 동날 지경이었기 때문에 우리 집에는 여름이 거의 지날 무렵에야 설치되었다. 겨우 두어 번 돌리고는 여름이 지나가 버렸다.

4 헝가리 가정의 주요 연료인 가스는 지금도 러시아로부터 송유관을 통해 공급되고 있다. 러시아가 밸브를 잠그면 취사나 난방이 중단될 수밖에 없다.

주차장에서 바라본 우리 집. 우리 집은 3층에 지붕으로 덮인 곳이다.

헝가리여, 내가 가노라

●일곱 번째 이야기●

거주 허가를
받다

●

헝가리에서 장기 거주를 하려면 한국대사관에서 비자를 받아서 가야 한
다는 설説이 있는데도 불구하고, 아이들은 그냥 오면 여기서 다 된다고 우
겼다. 사실 외국에 가서 생활을 할 터인데 입국도 못 하고 쫓겨 오면 여
간 낭패가 아니기 때문에 '만사는 불여튼튼'이라, 주한 헝가리대사관에
전화로 확인을 해 보았다. 영사처의 한국인 직원은 현지에서도 거주 비
자를 받을 수 있다고 한다. 괜히 아이만 믿지 못했구나 싶었지만 어쩔 수
없었다. 사실은 한국에서 비자를 받고 간다고 해도, 1개월짜리 단수비자
만 발급해 주기 때문에 현지 이민국에서 다시 거주 허가를 받아야만 한
다. 따라서 이중으로 할 것 없이 현지에서 단번에 처리하는 것이 더 편리
한 셈이었다.

　유럽연합 국가와는 비자면제협정이 되어 있으므로, 한국 사람은 입국
심사를 한 곳에서만 받고 3개월 동안은 비자 없이 체류할 수가 있다. 나
처럼 3개월 이상 머무르려면 거주 허가ˢresidence permit를 받아야 한다. 그리고
그 수속을 입국 후 1개월 이내에 시작해야 한다. 미국에 파견 갈 때는 주

한 미국대사관에서 비자를 아예 받아서 출국했는데 그것과는 다른 방식인 셈이다. 그리고 헝가리 이민국에서는 미국에서 요구하는 I-20 같은 대학의 공식 서류도 요구하지 않는다. 다만 헝가리에서의 체류 자격에 관련된 근거가 있으면 된다. 그래서 나를 초청해준 언어교육센터의 전크 일디코Zank Ildikó 선생의 이메일 사본을 준비해 두었다.

의료보험 관계는 국제적 보험회사에 가입할 경우 보험료가 너무 높아 이민국에서 알려준 대로 '병원에 가게 되면 내가 스스로 비용을 댈 것이며, 나는 그 비용을 댈 만큼 충분한 돈이 있다'는 일종의 서약서를 쓰는 것으로 대신했다. 그런데 특이하게도 헝가리에서는 공식 서류의 필기구가 흑색이 아니고 청색이었다. 복사기의 원본 재생력이 높은 시대에 흑색 펜글씨는 원본과 사본을 구분해내기 힘들어서 그런 것이 아닌가 싶었다. 대학에서도 필기시험에서는 청색 펜을 사용해야만 한다. 아울러 헝가리 공문서에는 스탬프가 많이 찍힌다. 키카Kika 같은 가구 판매점에서도 전산 출력한 영수증에 또 확인 스탬프까지 찍어준다. 중국에서나 도장을 많이 찍는 줄 알았더니 헝가리에서도 그럴 줄이야…….

체류 자격은 몇 가지가 있지만 내 경우에는 일단 대학의 초청을 받았으므로 '연구research'에 해당할 것이라고 생각하고 다른 서류와 함께 그렇게 신청했다. 해외파견 근무의 주된 업무는 바로 연구였고, 실제로도 그동안 밀린 연구를 줄기차게 추진할 계획이었다. 그런데 여러 날이 지난 후 이민국에서 호출이 왔다. 담당자는 상당히 난색을 표했다. 안 된다는 것이다. 아람이가 한 번 이민국에서 좋지 않은 경험을 했기에 마음을 놓고 있었던 것은 아니었지만, 그래도 막상 반려가 되고 보니 걱정이 컸다. 사정을 들어 보니, 여기서 연구라는 것은 파견기관과 초청기관이 공동으로 추진하는 프로젝트에 참여하는 것을 말한다고 한다. 나처럼 단독으로 연구하는 경우는 이에 해당되지 않으니 체류 사유를 바꾸라는 것이었다.

그런 말은 이민국 홈페이지 정보에서는 찾아볼 수가 없었다. 그러나 칼자루를 쥐고 있는 쪽에서 안 된다고 하니 어떡하랴……

내가 선택할 수 있는 길은 두 가지였다. 가족 동반, 즉 현지 대학에서 공부하는 아이들의 부모로서 함께 거주하는 것이거나 기타 사유 other reasons 로 페치대학교에서 한국어 교육을 한다고 하는 것. 전자로 하려면 대사관에 가서 가족관계증명서를 만들고 이를 번역하여 공증해야 했고, 후자로 하려면 페치대학교에서 나의 교육 활동에 대한 증빙을 해주어야 했다. 나는 현지에서 해결할 수 있는 후자로 했고, 다행히 일디코 선생이 '한국어 교육을 위해 당신을 초청한다'는 내용의 이메일을 다시 보내주어 일이 쉽게 해결되었다.

그런데 아내가 문제였다. 내가 원래 일디코 선생에게 초청 메일을 부탁했을 때에 동반자에 대한 정보를 주고, 함께 초청해달라고 했건만 이를 심각하게 생각하지 않았는지 달랑 나만 초청했던 것이다. 집사람이 내 아내라는 것은, 나도 알고, 아내도 알고, 아이들도 알고, 하나님도 아시는 사실인데, 안타깝게도 헝가리 이민국만 이를 알지 못했다. 어쩔 수 없이 가족관계증명을 위해 부다페스트의 한국대사관에 가야만 하나 했는데, 일디코 선생에게 아내 앞으로도 한국어 선생으로 초청하는 메일을 보내달라고 해 이 문제도 해결했다.

실제로 페치에 거주하는 한국 사람은 한국어 네이티브 스피커가 아닌가 말이다. 그리고 기말에는 학생들을 위한 한국 음식 파티를 주관할 분이니 한국어 선생이라고 해도 되었다. 이민국에서도 별로 문제를 삼지는 않았다. 이미 우리 가족 전체가 페치에 살게 되었다는 것을 자기들도 다 알고 있기 때문이다.

이렇게 대여섯 차례 오간 끝에 우리는 거주 허가와 함께 1년짜리 거주증을 받게 되었다. 이제 이 거주증을 여권과 함께 늘 가지고 다녀야 한다. 물론 이민국에서 확인받은 주소 등록증도 지참해야 한다. 누군가는 농담

5 흔히 다뉴브 강이라고 알
려져 있는 유럽 중부의 강은
나라마다 각기 다른 이름으
로 불린다. 다뉴브(Danube)
는 영어식 이름이고, 독일어
권에서는 도나우(Donau),
슬로바키아에서는 두너이
(Dunaj), 헝가리에서는 두너
(Duna), 세르비아·크로아
티아·불가리아 같은 슬라브
어권에서는 두너브(Dunav),
루마니아에서는 두너레
(Dunãre)라 부른다. 이 책에
서는 주로 헝가리식을 따르
되 때에 따라서는 문맥에 맞
게 달리 부르기로 한다.

삼아, 두너$_{\text{Duna}}$ 강에서 수영할 때도 수영복 속에 ID를
꼭 넣어두어야 한다고 했는데, 이는 사람의 말이나 증
언보다는 문서를 신뢰하는 헝가리 관료문화의 엄격성
을 빗대어 하는 말이다.

사실 이민국에서의 영어 의사소통에는 문제가 없었
고, 더욱이 외국인을 전문적으로 상대하는 곳답게 덜
관료주의적이었지만, 우리가 헝가리의 관료문화도 잘
몰랐고, 그쪽 영사 업무의 프로세스나 방침에 대해서
무지했기 때문에 시간이 많이 지체되었던 것이다. 물론
창구 담당자가 서류 검토를 꼼꼼하게 해서 현장에서 '된다, 안 된다'를
분명하게 얘기해주었다면, 불필요하게 오갈 일은 없었겠지만 말이다.

덕분에 개구쟁이처럼 생긴 이민국 담당자와는 제법 친해졌다. 다른 일
로 이민국에 갔더라도 서로 눈이 마주치면 "헬로!" 인사를 주고받기도
했다. 그리고 이 일로 깨달은 한 가지 사실은 헝가리 관공서에서 재촉이
나 재량 같은 말은 사전에 올라 있지 않다는 것이다. 그저 느긋하게 기다
리다 보면 해결될 수 있으려니 하고 마음 자세를 바꿔야 한다. 이제 나는
유럽연합 국가의 정식 거주 허가를 받은 주민이 된 것이다.

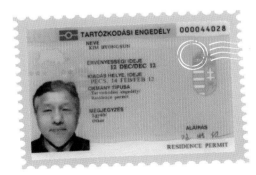

거주 허가증.
아뿔싸, 인쇄가 잘못되어 턱 끝이
뾰족해지고 말았다.
유럽에서 얻은 새로운 내 얼굴이다.

헝가리여, 내가 가노라

●여덟 번째 이야기●

Das Auto
파사트를 내 품에

●

공연한 걱정

페치에서 해결해야 할 과제 중 하나가 자동차를 사는 일이었다. 미국에
있을 때는 신분증 용도와 자동차 보험 가입을 위해서도 현지 면허를 따야
했지만, 헝가리에서는 그냥 1년짜리 한국 국제면허증으로 버티기로 했
다. 큰아들 여름이나 둘째아들 아람이는 헝가리 현지 운전면허를 받았다.
현지 면허를 받기 위해 한국 면허증을 제출하고 신체검사 결과표와 기타
서류를 현지어로 번역하고 공증해야 했다. 시간과 비용이 제법 들었다.

　주거나 다른 생활에 대해서는 이미 아이들이 다 준비해놓았기에 나는
이동수단만 확보하면 되었다. 사실 가기 전부터 자동차에 대해 여러 가
지로 알아보았는데, 사정이 별로 좋지 않았다. '자동차 가격이 다른 유럽
에 비해 두 배 가까이 비싼데 그 이유는 등록세가 자동차 가격만큼 비싸
기 때문이다', '이방인은 외국인 번호판을 달아야 하는데 그 번호판을 단
차는 각종 범죄의 목표물이 되고 있다' 등 인터넷으로 전해지는 정보는

온통 부정적인 것뿐이었다. 그렇게 복잡하다면 필요할 때마다 그냥 렌트를 하는 것이 낫지 않을까, 페치는 대중교통이 괜찮은 편이라는데 그냥 버텨볼까 싶었다.

그러나 그것은 기우杞憂였다. 인터넷은 옛날 정보만, 그중에서도 일부 정보만 보여주고 있었던 것이다. 어느 특정 시점에 누군가 글을 올리면 그것이 그냥 정본正本 취급을 받게 된다. 글 쓴 사람이나 다른 사람이 수정하지 않으면 그 정본이 정경正經 수준으로 올라간다. 헝가리처럼 한국인의 체류 경험이 많지 않은 곳에서는 더욱 그렇다. 현지에 도착해서 현지인들에게 알아보니 한동안은 인터넷 얘기가 맞았지만 지금은 그렇지 않다고 한다. 번호판도 일반 번호판이고, 외국인이라고 해서 세금을 더 받지는 않는다는 것이다. 그렇다면 선택의 폭이 넓어진 셈이다. 가격 부담이 많이 줄었으니 말이다.

1차 고려 대상은 한국 브랜드의 차였다. 유럽에서도 한국 차의 인지도가 매우 높아졌고, 헝가리에서도 비교적 좋은 차라는 인식이 있었다. 대우 브랜드의 차는 지금도 현지인들이 애정을 가지는 차에 속했다. 페치에도 현대차와 기아차 딜러가 있었는데, 사실 자동차 딜러들은 대부분 변두리에 널찍하게 자리 잡고 있기 때문에 자가용 없이는 가기가 힘들었다. '차 한 대 사서 차를 알아보러 다닐 걸……' 하는 헛생각도 들 지경이었다. 벤츠Mercedes-Benz 딜러에 잇대어 있는 기아차 딜러에 가 보니, 마침 유럽판 씨드Ceed 차를 할인판매하고 있었다. 연말이기도 했지만 나중에 알고 보니 신모델로 바뀌는 중이었고, 한국 차라고는 해도 브랜드만 그럴 뿐 실제로는 슬로바키아Slovakia에서 생산되는 모델이었다. 만일의 경우 한국으로 가지고 올 때를 생각한다면 현지 생산이 아니라 한국에서 수출된 것을 사야 하는데 그런 조건을 만족하지는 못했다.

헝가리에서 생산되는 자동차는 없을까 하고 알아보니, 벤츠 조립 공장이 있어서 소형인 B클래스의 차량이 생산되고 있었고, 아우디Audi와 스즈키(Suzuki)도 조립 공장을 가지고 있었다. 체코에는 폭스바겐 계열사인 스코다(Skoda) 공장이 있고, 루마니아에도 자체 브랜드인 다치아(Dacia)가 나오는데, 헝가리의 고유 브랜드는 없었다. 현지 교민들은 기왕에 유럽에 왔으니 유럽 차를 사라고 권장하였다. 하긴 미국에 갔을 때도 크라이슬러 캐러밴을 사서 만족스럽게 탔던 기억이 있었다.

　유럽 차, 좋지!

　성능 좋고 튼튼한 걸로야 유럽 차를 따라갈 차가 있을까 싶었다.

렌터카 여행의 씁쓸한 기억

좋은 차를 사야 한다는 당위성은 우리의 작은, 그러나 심각했던 경험에서 나왔다. 헝가리에 도착하고서 한 달이 채 못 지났을 때, 우리는 이웃 나라인 루마니아를 여행하게 되었다. 마침 내가 석·박사 과정에서 지도하고 있는 카탈리나와 안드레아가 방학 기간을 이용하여 자기들 나라

나의 루마니아 학생들. 카탈리나(왼쪽), 안드레아

로 돌아가 있었는데 그 계제에 한번 오라는 것이었다. 기왕이면 학생들이 있을 때 가는 것이 좋겠다 싶어, 페치의 허름한(?) 렌터카 업체에서 작은 차를 빌려 다녀오기로 했다. 주상복합 아파트의 경비실 같은 곳에 있던 이 렌터카 업체의 사무실에는 직원이 상주하지 않았다. 인터넷 홈페이지를 보고 미리 메일로 연락을 하니 주인아저씨가 영어를 약간 할 줄 아는 아들과 함께 왔다. 이곳 소유 차량들은 일반 주차장에 세워져 있었다.

내가 받은 차는 대우에서 만들었던 아베오였는데, 글러브 박스에 붙어 있는 안내문에는 한글 표기도 있어서 반가웠다. 비록 차는 작았지만 막상 운전을 해 보니, 수동이라서 연비가 매우 높았다. 단, 엔진이 1,300cc급이라 아무래도 언덕길에서는 힘들어했다.

문제는 3박 4일의 여행을 잘 마치고 헝가리로 돌아올 때 발생했다. 도중에 루마니아 북부의 아라드라는 도시에서 1박을 하기로 하고 해 어스름에 도시로 진입하는 길이었다. 트램 궤도를 넘어가는 과정에서 갑자기 엄청난 폭발음이 나고 차가 심하게 흔들렸다. 아뿔싸! 비상등을 켜고 나가 보니, 트램 궤도와 차바퀴의 휠이 서로 부딪치면서 그 충격으로 타이어가 완전히 터져버린 것이었다. 황당했다. 큰길에서 이런 사고를 당하다니……. 응급조치로 스페어타이어를 꺼내 보니, 정말 임시로 만든 것으로 폭이 아주 좁은 것이었다. 겨우 갈아 끼워 차는 운행할 수 있었지만 그 상태로는 길게 탈 수 없었다. 이때 아람이와 내 머리에서 똑같은 생각이 떠올랐다.

'특급호텔로 가자!'

아니나 다를까 호텔 직원은 충분한 영어로 24시간 운영한다는 타이어 교환 가게를 지도에 표시해가며 안내해 주었다. 타이어 가게에선 루마니아 말이 필요 없었다. 차의 상태를 본 기사는 중고 타이어로 신속하게 교체해 주었다. 시운전을 해 보니, 이전보다 더 주행이 안정된 느낌이었다. 아주 저렴한 비용을 내고 만족할 만한 수리를 받았지만, 아무래도 찜찜하여 우리는 남은 일정을 취소하고 페치로 그날 밤늦게 돌아오고 말았다. 장거리 여행이 많은 유럽에서 작은 차로 사람과 짐을 가득 싣고 여행한다는 것은 정말 위험할 수 있겠다는 생각을 했다. 특히 0.1톤이 넘는 둘째아들과 함께 다니려면 보다 튼튼하고 넉넉한 차가 필요했던 것이다.

오토매틱을 구하기 어렵다

안전한 차, 힘 좋은 차, 크기가 넉넉한 차는 누구나 바라는 것이다. 문제는 돈이었다. 아니 사실 돈은 중요하지 않았다. 돈이 넉넉해서 그렇게 생각한 것이 아니라 금액에 맞추어 중고차를 사면 되기 때문이다. 정작 문제가 되는 것은 자동 트랜스미션 자동차를 구하는 것이었다. 한국과는 반대로 유럽에서는 소위 '오토'를 사는 것이 쉽지 않았다. 나는 수동도 문제가 없는데 아무래도 장시간 여행을 할 때는 자동이 편하고, 다른 식구들이 운전한다면 반드시 오토가 필요했다. 마침 부다페스트에 주재하고 있는 주재원 중에 귀임하는 분이 내놓은 자동차가 나와서 뭐 더 알아볼 필요 없이 사기로 했다. 그 차가 바로 폭스바겐 파사트 Volkswagen Passat 2.0 TDI였다.

벤츠, BMW와 더불어 독일 3대 브랜드에 속하고, 이름만큼이나 대중적인 차를 잘 만드는 폭스바겐의 차를 타 보는 기회가 된 것이다. 대중적이라고 했지만 사실 헝가리에서는 고급 브랜드에 속한다고 해도 과언이 아니다. 헝가리에서는 대부분 작은 차들을 타고 있으며, 연식도 오래된 것이 많았기 때문에 내가 산 파사트는 고급에다가(비록 한 세대 전의 것이지만) 신식이라고 할 수 있었다. 가격은 공개하기 좀 그렇지만, 현지 중고 거래 사이트에 올라온 가격보다는 저렴하게 샀다. 사실 새 차라면 공산품에 대한 부가가치세[27%]가 워낙 높아 한국의 외

6 헝가리의 부가가치세(VAT)는 유럽에서도 가장 높은 편이다. 2011년까지는 25%였다가 그 이후는 27%까지 상승하였다. 기본적 식품과 호텔 등에 부과되는 부가세는 18%, 책과 의약품에는 5%가 붙는다.

제차 가격보다 훨씬 비싸지만, 개인 간 거래가격은 한국에서 중고 외제차를 사는 것보다는 싼 편이었다.

자동차 등록을 하는 데도 비용이 많이 들지 않았고, 자동차세도 쌌다. 유럽에서야 자동차가 생활필수품(지금 그렇지 않은 나라가 없지만)이나 다름없으니 보유에 따르는 세금을 많이 매길 수도 없을 것이다. 유럽에서는 처음 자동차보험에 가입한 것인데 그래도 책임보험은 20만 원 수준이었고, 임의보험은 60만 원 수준이었다. 가입 경력을 고려한다면 한국보다 훨씬 저렴한 편이었다.

파사트를 내 품에

7 일부 유럽 국가에서는 겨울철에 스노타이어를 장착하지 않으면 운행을 제한한다고 한다.

은색으로 잘 빠진 파사트! 2008년식으로 내가 세 번째 오너가 되었고, 전 차주가 66,000km까지 주행했던 차였다. 일반 타이어에 스노타이어까지 함께 따라왔다. 미국에서 요긴하게 써봤던 크루즈 컨트롤cruise control까지 달려 있었다. 디젤 엔진 승용차는 처음 타 보는 것이라서 소음에 대한 걱정이 있었지만, 그 역시 기우였다. 아무래도 가솔린보다는 엔진 소음이 컸지만 실내로 들어올 정도는 아니었다. 정말 성능이 전 세계적으로 공인된 TDI 엔진과 DSG 트랜스미션이 완벽한 조화를 이루면서 특히 장거리 운전에서 힘과 연비의 장점을 유감없이 드러내 주었다. 가솔린 엔진에 비해 토크가 높다는 것이 무엇인지를 체험하게 해 주었다.

속도가 높을 때에도 도로의 트랙을 꽉 잡고 달리는 듯한 안정감을 주었고, 등판능력에서도 나무랄 데가 없었다. 디젤이라 연비 장점이 있었으나, 현지에서는 가솔린보다 연료비가 10% 정도 더 비싼 것이 한 가지 흠이었다. 내가 경험해본 바로는 우리나라만 디젤유 가격이 쌌으니 그걸 탓할 수는 없었고, 연비로 충분히 기름값의 비싼 부분을 상쇄하고도 남았다.

헝가리에서 탔던 차, 폭스바겐 파사트 2.0 TDI

자가용을 마련하고 나니 드디어 테스코^{TESCO}에서 생수를 사서 이고 지고 찬바람 부는 거리를 헤맬 필요가 없게 되었다. 결국 파사트는 내가 타던 10개월간 25,000km 가까이를 문제없이 달려주었고, 그만큼 정도 많이 들었다. 정말 폭스바겐의 광고 문구처럼 'Das Auto^{The Car}'를 실감하게 해준 차였다.

2

헝가리여,
너의 터전에
나를 맡기노라

형가리여, 너의 터전에 나를 맡기노라

'훈국'이라고
부르면 어떨까

옹가리아 vs. 훈국

나는 헝가리를 '훈국'이라 부르려 한다. '훈국'이란 중유럽의 오래된 나라 헝가리^{Hungary}를 한자식으로 간략하게 부르는 이름이다. 마치 잉글랜드 England를 '영국^{英國}', 도이칠란트^{Deutschland}를 '덕국^{德國}'이라고 하는 것과 같은 방식이다. 영국·덕국·미국이 다 사전에 올라 있는 말로, 실제 사용되었거나 사용되고 있는 표기임에 비해 '훈국'은 내가 처음 사용하는 말이다.

우리나라 문헌에서 헝가리란 나라가 최초로 등장한 것은 조선 말기의 문신인 이유원^{李裕元}이라는 사람이 편찬한 『임하필기^{林下筆記}』라는 책에서이다. 이 책의 「이역죽지사^{異域竹枝詞}」는 동남아와 서구 여러 나라의 지리적 위치나 종족·토산물 등을 한시로 읊은 것인데, 그중 헝가리에 대한 시 한 편이 들어 있다. 여기서는 '옹가리아^{翁加里亞}'라고 표기하였다. 이것은 'Hungary'의 영어 발음에 거의 근접한 음역어로서 이유원이 청나라에

사신으로 갔다가 귀국할 때 전별 선물로 받은 『황청직공도(皇淸職貢圖)』에 나
오는 한자 표기와 설명을 그대로 받아들인 것이었다.

사실 현대 중국에서는 헝가리를 음역어로서 '匈牙利

흉아리'라 표기하고, 현재 우리나라 사전에서는 '洪牙利

홍아리'라 하는데 개인적으로는 둘 다 마음에 들지 않는

8 중국식 표기 '匈牙利'는 사
실 음역어라고 보기 어렵다.
발음(xiōng yá lì)이 원래의
발음과 차이가 많이 나기 때
문이다.

다. 오히려 이전 명칭을 살려 '옹가리(翁加里)'라고 하는 편이 더 나은 것 같
다. 중국식으로 간단히 표기한다면 '흉국(匈國)'이 되는데, 이것은 글자의 뜻
이 너무 좋지 않고, 한국식으로 '홍국(洪國)'은 원음에서 훨씬 벗어나 있다.
그래서 나 나름대로 '훈가리(薰佳利)'를 제안하는 것이다. 원음을 충실히 재
현한다는 점에서도 '홍아리'나 '흉아리'보다 '훈가리'가 더 적절하지 않
을까? 고유명사의 한자 표기는 주로 그 음을 따르고 다음으로 좋은 뜻을
더하므로, 소리도 비슷하고 '훈훈하면서도 아름다운 나라'라는 뉘앙스를
주고 싶은 생각에 이 이름을 쓰기로 한다. 한국에서는 젊고 멋지고 마음
이 넉넉한 남자를 '훈남(薰男)'이라 하지 않는가?

중국에서 '흉(匈)'이란 글자를 쓰는 것은 과거 흉노(匈奴)족과의 관련을 나타
내려는 것으로 보인다. 항간에는 헝가리는 흉노가 서천(西遷)한 결과로 형성
된 국가라는 설이 많이 유포되어 있으나, 그러한 설명으로는 흉노가 해
체된 후 헝가리 건국까지의 공백을 설명할 길이 없다. 흉노족의 언어에
대해서는 몇 가지 가설만 있을 뿐이지만 대부분의 언어학자는 헝가리어
와의 관련성에 대해 긍정하지 않고 있다. 물론 흉노의 해체 이후에도 그
후예가 헝가리 평원에 존재했을 것이고, 새로 이주하여 국가를 형성한
훈족과도 어울려 살았을 것이지만 오늘날 헝가리의 직접적 기원과는 긴
밀한 관련이 없다고 할 수 있다.

따라서 흉노 기원설[9]은 그냥 동아시아 사람들의 희
망사항일 뿐이라는 결론에 이른다. 우리나라를 다른
나라 사람들이 '코리아(Korea)'라고 부르는 데 비해 우리

9 헝가리 사람 중 매우 소수
가 자신들이 '흉노'의 후손이
라고 주장하고 있다. 그러나
이를 입증하지는 못해, 단지
헝가리의 소수민족 정책의 혜
택을 보려는 심산에 불과하다
는 것이 일반적 관측이다.

스스로는 '대한민국'이라 하고, 중국도 외부에서는 '차이나China'라 하고, 그리스Greece도 스스로는 헬라Hella라 하듯이, 헝가리도 스스로는 '머저로르사그Magyarország'라 부른다.

이 말은 '마자르의 나라'라고 번역할 수 있는데, 머저르Magyar는 영어사전에도 등록되어 있다. 즉, '마자르인의 나라' 또는 '마자르어의 나라'라는 뜻이다.

침탈의 역사로 점철되다

지금의 헝가리 땅 판노니아 평원Pannonian Plain[또는 카르파티아 분지Carpathian Basin]은 본래 헝가리인들의 것이 아니었다. 헝가리인들은 중앙아시아의 어디쯤에 거하던 기마민족으로서 서진西進에 서진을 거듭하다 이 땅에 정착한 것이다. 아르파드Árpád를 지도자로 하는 마자르의 일곱 부족은 현재의 체코와 슬로바키아Slovakia를 영토로 가지고 있던 대 모라비아Great Moravia를 멸망시키고 판노니아 평야(헝가리 분지)를 차지하였다. 아르파드를 비롯한 7명의 부족장들은 헝가리 건국의 영웅으로 추앙되고 있으며, 이들의 동상이 부다페스트 영웅광장의 중심에 자리 잡고 있다.

13세기에 타타르인들의 침범으로 한바탕 큰 홍역을 치른 후, 헝가리는 주변의 여러 왕국과 연합관계 가운데 중유럽의 강국으로 군림하였다. 그러나 유럽의 동쪽 경계에 자리한 헝가리는 유럽을 침략하고자 하는 동방민족들로 인하여 끊임없이 몸살을 앓아야 했다. 15세기 말부터는 남동쪽의 강국 오스만제국Osman Türk의 압박을 받기 시작한다.

1526년 8월 29일, 페치에서 동쪽으로 50km 떨어져 있는 두너 강 연안의 모하치Mohács 평원에서는 양국의 운명을 가르는 전투가 벌어지기도 했다. 헝가리 군대는 당시 20세이던 러요시Lajos 2세가 지휘하고 있었고, 2만 5천 명 정도의 군사들은 모하치의 질퍽한 소택지를 활용할 계획이

부다페스트 영웅광장에는 조각상을 세워 건국 영웅들을 기리고 있다.

헝가리 대통령궁의 근위대

었다. 젊은 왕은 지략이 모자랐고, 수하 장군들은 그의 지도력을 무시했다. 이에 비해 벌써 5년 전에 세르비아의 베오그라드를 점령한 바 있는 오스만제국의 군대는 베테랑 전사들이었고 그 수도 헝가리군의 두 배가 넘었다. 술탄 쉴레이만Süleyman이 선봉에 섰고, 점심 무렵에 시작된 전쟁은 단 몇 시간 만에 끝이 났다. 헝가리의 패배는 기정사실이었고, 젊은 국왕은 이 전투에서 전사하고 만다. 전투에서 패하고 피신하던 중에 두너 강에서 익사하였다고 전한다. 모하치에는 이 전투를 추모하는 시설이 세워져 있다. 이 전쟁의 패배 이후 헝가리는 국가의 운명이 기울게 된다.

헝가리 역사에서 150년간에 걸친 터키의 지배는 하나의 트라우마로 남아 있다. 헝가리인들은 오늘날까지 어려운 상황에 처할 때마다 '모하치의 치욕보다 더하랴!More was lost at Mohács!'라는 말을 되뇐다고 한다. 스스로 유럽 문화의 중심이라고 자처하던 그들의 자부심이 여지없이 무너져 버렸던 것이다. 곳곳에 모스크가 건축되어 알라 신의 영역은 나날이 넓어졌고, 이슬람 사원으로 개조되어 버린 그들의 가톨릭 성당에서는 더 이상 미사를 드릴 수 없게 되었다. 150여 년을 이민족의 타종교 아래 신음하던 헝가리는 오스트리아의 지원을 받아 오스만제국의 지배를 벗어나게 된다. 하지만 여러 사건을 겪으면서 국토도 많이 축소되었고, 오스트리아-헝가리 연합제국의 형태라고는 해도 사실상 합스부르크Habsburg 왕가의 지배 아래 놓이게 된다.

제1차 세계대전 이후에는 헝가리민주공화국으로 독립하여 미하이 카로이Mihály Károlyi가 초대 대통령과 수상을 지냈고, 제2차 세계대전 시기에는 독일 쪽에 협조하다가 종전 후 소련에 점령되어 공산화의 길을 겪게 된다. 이 시기에 헝가리의 경제는 더욱 황폐화되었고, 점령국 소련은 정치에 대해 시시콜콜 간섭하였다. 러시아어는 학교의 필수과목처럼 되었고, 탈서유럽을 요구하는 소련 문화가 밀려들었다. 이 시기에 영어는 학교 교육에 발붙이지 못하였다.

1956년 10월 23일에는 소련에 저항하여 자유와 민주주의, 그리고 정치 탄압의 종식을 요구하는 헝가리 혁명이 발발하였다. 이 혁명으로 수상에 취임한 너지 임레Nagy Imre는 바르샤바조약기구 탈퇴를 선언하고 탈소련의 길을 택했다. 그러나 소련의 붉은 군대는 헝가리를 침공하여 수상을 처형하고, 반공 시위를 무력으로 진압하였다. 1980년대 후반에 소련의 페레스트로이카가 시작되면서, 1991년에 소련군이 완전히 철수함에 따라 헝가리는 민주화의 길로 들어서게 된다. 페치에는 소련군 주둔 당시 사택으로 사용하던 고층 아파트가 현재 흉물로 남아 있다.

1989년 5월에는 오스트리아와의 국경에 설치되어 있던 철조망을 전격적으로 철거하였다. 이것은 단순히 국경의 개방을 의미하는 것은 아니었다. '철의 장막Iron curtain'이라 불리던 국경이 열리자, 많은 동독 사람들이 서방 지역으로 자유롭게 넘어갈 수 있게 된 것이다. 결과적으로 헝가리는 독일 통일에 결정적인 역할을 한 것이다.

이후 헝가리는 1996년에는 OECD, 1999년에는 북대서양조약기구NATO, 2004년 5월 1일에는 폴란드, 체코, 슬로바키아와 함께 유럽연합EU에 가입하여 서방국가들과 긴밀한 관계를 유지하고 있다. 지금은 서구식 사회민주주의 체제로 되어 있으나, 공산 치하의 경험이 후유증으로 남아 정치체제가 아직도 안정되지는 않은 상태다.

1956년 10월, 공산 폭정에 항거한 헝가리 의거의 소식은 당시 한국에도 전해졌다. 시인 김춘수는 다음과 같은 시를 써 헝가리의 민주 항쟁을 찬양하고, 그 실패를 어떤 소녀의 죽음에 비유함으로써 자신의 안타까움을 표현하였다. 여기 그 전문을 인용해 본다.

부다페스트에서의 소녀의 죽음 김춘수, 1959

다뉴브 강에 살얼음이 지는 동구(東歐)의 첫 겨울
가로수 잎이 하나둘 떨어져 뒹구는 황혼 무렵
느닷없이 날아온 수발의 소련제 탄환은
땅바닥에
쥐새끼보다도 초라한 모양으로 너를 쓰러뜨렸다.
바쉬진 네 두부(頭部)는 소스라쳐 삼십 보 상공으로 뛰었다.
두부를 잃은 목통에서는 피가
네 낯익은 거리의 포도를 적시며 흘렀다.
— 너는 열세 살이라고 그랬다.
네 죽음에서는 한 송이 꽃도
흰 깃의 한 마리 비둘기도 날지 않았다.
네 죽음을 보듬고 부다페스트의 밤은 목 놓아 울 수도 없었다.
죽어서 한결 가비여운 네 영혼은
감시의 일만의 눈초리도 미칠 수 없는
다뉴브 강 푸른 물결 위에 와서
오히려 죽지 못한 사람들을 위하여 소리 높이 울었다.
다뉴브 강은 맑고 잔잔한 흐름일까.
요한 슈트라우스의 그대로의 선율일까,
음악에도 없고 세계 지도에도 이름이 없는
한강의 모래사장의 말 없는 모래알을 움켜쥐고
왜 열세 살 난 한국의 소녀는 영문도 모르고 죽어 갔을까?
죽어 갔을까, 악마는 등 뒤에서 웃고 있는데
한국의 열세 살은 잡히는 건 하나도 없는
두 손을 허공에 저으며 죽어 갔을까,
부다페스트의 소녀여, 네가 한 행동은
네 혼자 한 것 같지가 않다.

한강에서의 소녀의 죽음도
동포의 가슴에는 짙은 빛깔의 아픔으로 젖어 든다.
기억의 분(憤)한 강물은 오늘도 내일도
동포의 눈시울에 흐를 것인가,
흐를 것인가, 영웅들은 쓰러지고 두 주일의 항쟁 끝에
너를 겨눈 같은 총부리 앞에
네 아저씨와 네 오빠가 무릎을 꾼 지금
인류의 양심에서 흐를 것인가,
마음 약한 베드로가 닭 울기 전 세 번이나 부인한 지금.
다뉴브 강에 살얼음이 지는 동구(東歐)의 첫 겨울
가로수 잎이 하나둘 떨어져 뒹구는 황혼 무렵
느닷없이 날아온 수발의 소련제 탄환은
땅바닥에
쥐새끼보다도 초라한 모양으로 너를 쓰러뜨렸다.
부다페스트의 소녀여
내던진 네 죽음은
죽음에 떠는 동포의 치욕으로 역(逆)으로 싹튼 것일까,
싹은 비정(非情)의 수목들에서보다
치욕의 푸른 멍으로부터
자유를 찾는 네 뜨거운 핏속에서 움튼다.
싹은 또한 인간의 비굴 속에 생생한 이마아쥬로 움트며
위협하고,
한밤에 불면의 염염(炎炎)한 꽃을 피운다.
부다페스트의 소녀여

헝가리여, 너의 터전에 나를 맡기노라

●두 번째 이야기●

한국말과 가까운
헝가리 말

●

헝가리에서는 로만 알파벳을 자기 언어의 문자로 사용하고 있다. 알파벳을 사용하기 때문에 처음 여행하는 외국인들은 '아마도 알아볼 만한 어휘가 있겠지' 하고 기대하지만, 실제로 그런 어휘는 거의 보이지 않는다. 경찰을 'p'로 시작하는 단어가 아니라 'r'로 시작하는 말로 표기하는 것은 그 근방에서는 아마도 헝가리가 유일하지 않을까 한다. 심지어는 언어적 계통이 비슷한 핀란드어에서도 'poliisi'라 한다. 헝가리에서는 경찰을 '렌되세그rendőrség'라고 하는데, 이는 '질서를 유지하는 사람'이란 뜻이다.

근래에 받아들인 외래어 표기를 제외하고는 헝가리어 어휘를 처음 접하는 외국인들은 곤경에 빠질 수밖에 없다. 그것은 헝가리와 국경을 접하고 있는 오스트리아, 슬로바키아, 루마니아, 우크라이나, 슬로베니아, 크로아티아, 세르비아에서 온 사람이라고 해서 예외가 아니다. 이들 주변국의 언어는 게르만어나 슬라브어 또는 로맨스어 계통으로서 모두 인도유럽어족Indo-European languages에 속한다. 영어와 프랑스어, 스페인어와 이탈리아어 등 대부분의 유럽 언어와 달리 헝가리어는 우랄어족의 하나인 핀·우그리아어Finno-Ugria語 계통이다.

말하자면 뿌리가 다르다. 오로지 북유럽의 핀란드Finland와 에스토니아Estonia 언어만 헝가리어와 같은 계통에 속한다. 계통은 같지만 상호 간에 어휘적으로 공유하는 부분은 대단히 적다고 한다. 이러한 언어계통상의 현상으로, 헝가리는 언어의 섬linguistic island이라고 불린다.

민족의 역량에 따라 그들이 쓰는 언어도 부침을 하게 된다. 민족의 힘을 잃어버린 많은 언어가 이미 지구상에서 사라졌다. 비록 고립된 환경에 처해 있었고, 역사적으로도 많은 부침이 있었지만 헝가리어는 결코 위축되지 않았다. 헝가리어가 시작된 중앙아시아 지역에 아직도 거주하고 있는 우그르 인종과의 인류학적 유사성은 5%에 미치지 못할 정도라고 한다. 말하자면 DNA 면에서 마자르(헝가리인)는 많이 변용되었지만, 또 다른 마자르(헝가리어)는 변화와 위축을 결코 허용하지 않았던 것이다.

언어의 섬에서 여러 정치적 격변을 겪어온 헝가리가, 국가의 힘이 악화일로에 있던 헝가리가, '갑'보다는 '을'의 입장이었던 헝가리가 자신의 고유한 언어를 유지하고 있다는 것은, 그것 자체가 언어학 또는 언어정책학의 연구대상이 될 만한 일이다. 진짜 섬나라였다면 오히려 자국의 언어 보존에는 유리했겠지만, 대륙의 한복판에서 이웃 나라와 끊임없이 교류하는 가운데, 고유한 언어를 지켜냈다는 것은 가히 기적이라 부를 만하다. 이는 '민족은 그 언어를 통해 생존한다'는 생각이 그들의 마음 깊이 자리하고 있었기에 가능했다. 이러한 기적을 이루기 위해서 헝가리 사람들이 기울인 노력은 미루어 짐작해 볼 수 있다. 그런 만큼 헝가리 민족은 스스로도 자신들이 지켜온 언어에 대한 자긍심이 대단하다고 한다. 일례로 헝가리어에는 근래에 도입된 정보통신 용어 외에는 외래어가 매우 드물다. 음악 분야만 하더라도 서구 유럽과 끊임없이 교류했지만, 대부분의 음악 용어는 헝가리 고유어로 되어 있다.

한국말은 알타이어족Altaic language family에 속한다. 학계에서 한동안은 우랄-알타이어족이라고 표현했지만 지금은 그 둘을 분리하여 우랄어족과 알타이어족으로 나눈다. 사실 두 어족 사이의 언어학적 유사성은 다른 어족에 비해 대단히 높은 편이다. 우랄이나 알타이라는 말은 모두 중앙아시아 북부에 있는 서로 인접한 산맥의 이름이다. 그러나 이 산맥을 한 어족의 출발 지점으로 볼 수는 없다고 한다. 서로 유사한 두 그룹의 어족에 대해서 단지 산맥의 위치에 따라서 한쪽(서쪽)에는 우랄이란 이름을, 다른 쪽(동쪽)에는 알타이란 이름을 붙였다는 것이다.

한민족과 마자르 민족이 수만 년 전에 서로 인접한 지역에 사는 이웃 사촌이었는지는 알 수 없지만, 어쨌든 헝가리어와 한국어는 문법 면에서 주목할 만한 유사성을 가지고 있다. 여행 안내 사이트인 트리포소Triposo에서 요약해 놓은 헝가리 말의 특징을 우리말과 비교해보면 다음과 같다.

- 문법적인 성gender이 없다. 한국어 어휘에서도 남성이니 여성이니를 전혀 따지지 않는다.
- 어휘의 첫 음절stress에 강세를 준다. 버르토크나 코다이 같은 헝가리 국민음악의 작곡가들은 자신들의 강세나 리듬 같은 언어적 특성을 음악적 문법으로 전환해냈다고 한다. 외국어를 발음할 때도 그렇다. 그들의 문장을 제대로 낭독하면, 일종의 리듬을 느낄 수 있게 된다. 여러 방송국이 서로 겹치고 있는 중부 유럽에서, 라디오를 틀고 주파수를 맞추다 보면, 어떤 것이 헝가리 방송인지를 이와 같은 강세 위치와 그에 따르는 리듬을 통해 구분해낼 수 있다. 현대 한국어사전은 어휘의 발음에 장단은 표시하지만 강세는 표시하지 않는다. 즉, 오늘날의 한국어 발음에는 강세가 없다는 것이 정설이다. 하지만 '훈민정음' 창제 당시의 중세국어에는 사성四聲이 존재했으

며, 대부분 첫 음절에 강세가 있었다는 학설이 있다.

- 모음과 자음의 길이가 변별적이다. 말하자면 모음을 길게 발음하느냐 그렇지 않느냐에 따라 낱말의 뜻이 달라진다는 것이다. 한국어도 원래 모음의 장단이 확실했다. '밤', '말' 등의 어휘는 모음의 길고 짧음에 따라 뜻이 갈린다. 밤[夜], 밤:[栗], 말[馬] 말:[語]
- 교착어膠着語, agglutinative language로서 어근과 접사와의 결합으로 문법적 기능을 나타낸다. 어근에 포함된 모음에 따라 접미사의 모음이 변화하는 것도 이러한 특징과 관계된다. 이러한 특성은 모음으로 끝나는 명사 어휘에는 조사 '-가', '-는', '-를' 등을 붙이고 그렇지 않으면 '-이', '-은', '-을'을 붙이는 한국어의 특징과 매우 유사하다.
- 모음조화vowel harmony도 지키고 있다. 우랄어 계통이라 그렇다. 이러한 모음조화는 알타이어족에 속한 한국말의 주요 특징이기도 하다. 우리말에서는 살랑살랑, 설렁설렁, 술렁술렁 등 양성모음과 음성모음의 어감 차이를 이용한 형용사나 부사 표현이 무척 발달해 있다.

이외에 헝가리 발음에는 구개음화 현상도 보이는 것 같다. 'g'는 'ㄱ', 't'는 'ㅌ'로 소리 나지만 여기에 반모음 'y'가 붙으면 각각 '지gy', '치ty'로 소리 낸다. 이와 같이 헝가리어의 주요 특징이 한국어의 주요 특징이기도 한 것은 매우 흥미로운 일이다.

그렇다고 해서 헝가리 말을 한국말의 이웃 언어처럼 생각하는 것은 적절하지 않다. 어순은 기본적으로는 영어와 같은 'S+V+O' 형식이라서 한국어와는 확연히 다르며, 기본적인 어순이라도 화제topic 중심적으로 다양하게 변화할 수 있다고 한다. 헝가리어에는 우리말과는 좀 다르지만 4단계의 공손법이 존재한다. 어휘 면에서는 유사성이 전혀 없다고 해도 과언이 아니다. 헝가리 말과 인근 국가의 어휘도 아주 다른데, 한국말과는 도저히 닮을 수가 없을 것이다. 근래에 발달한 과학기술의 어휘는 대부분 외국어에서 차용한 것이기 때문에 우리나라 사람이 이해할 만한 것도 있기는 하지만, 외국어나 외래어를 제외한다면 두 나라 어휘에 일치하는 것은 없다. 반면 인근의 슬라브어에서 차용한 어휘는 1,000여 개가 된다고 한다.

비슷한 말이라고는 오로지 '아빠' 정도다. 헝가리에서는 'apa'라고 하는데, 자음이 우리처럼 경음으로 발음하는 것은 아니지만 충분히 알아들을 수는 있다. 엄마는 'anya'라고 하는데 내 귀에는 '엄마'가 아니라 '언니야!'라고 들렸다. 이처럼 '아빠, 엄마'가 닮은 것은 언어의 보편성 때문이지, 우랄어와 알타이어라서 닮은 것은 아니다. 헝가리어 문법의 어떤 것은 영어 문법과 더 가까운 것도 있다 한다. 그러니까 한국어 문법 지식을 헝가리어 학습에 전이한다든지, 또 그 반대로 하는 것은 결코 쉽지 않다.

헝가리어 표기체계는 기본적으로 로만 알파벳을 사용하고 있으며, 그것을 거의 완전한 음성기호처럼 활용한다. 26자의 기본 알파벳에 장음이나 움라우트와 같은 몇 가지 음성 표지가 덧붙는다. 모음에 붙는 ′ 표시는 강세stress 기호가 아니고 장음 표지다. 움라우트에서는 ″으로 표시한다. 다만 'a/á'와 'e/é'는 '단/장'의 차이뿐 아니라 조음 위치도 다르다. 영어와는 달리, 문자와 그에 대응하는 발음만 익히면 적어도 헝가리어 어휘나 문장을 읽는 것 자체는 어렵지 않다.

알파벳 사용 이전에는 헝가리 로바쉬 문자Magyar rovásírás라는 고유의 문자

헝가리 고대 로바쉬 문자

가 있었지만 지금은 사용되지 않는다. 전통적 풍경의 마을을 지나다가, 이 로바쉬 문자로 된 마을 표지판을 보는 정도에 불과하다. 그것도 아주 드문 일이다.

외국인들이 헝가리어 표지판을 읽을 때 곤혹스러워하는 것 중의 하나는 거기 적힌 어휘의 길이가 매우 길다는 것이다. 일반적으로 전혀 다른 언어 체계를 사용하는 외국을 여행하다 보면, 각종 표지판에서 일반 어휘와 고유명사 어휘를 구분하기가 매우 어렵다. 헝가리어에서는 여러 개의 어휘를 붙여서 새로운 어휘를 만들어낼 수가 있는데, 이는 그 어휘가 교착어膠着語적인 특성에서 기인할 뿐 아니라, 인근에 있는 독일어의 영향인 것 같기도 하다. 인터넷을 찾아보면 긴 헝가리어 어휘를 경쟁적으로 제시하기도 한다. 실제로 일상생활에서 사용되는지는 의문이지만 위키피디아에서 보여주는 긴 어휘는 다음과 같다.

● **Megszentségteleníthetetlenségeskedéseitekért** (44글자)
  for your continued behaviour as if you could not be desecrated
  (당신이 방해받지 않을 것처럼 하는 연속된 행동을 위하여)

● **legeslegtöredezettségmentesíthetetlenebbeskedéseitekért** (55글자)
  because of your highest unfragmentationability factor
  (당신이 가진 가장 높은 수준의 비분열성의 요인 때문에)

헝가리어 표지판에 쓰인 어휘들은 길이가 길 뿐만 아니라 그것을 어디서 끊어 읽어야 하는지도 알기 어렵게 되어 있다. 영어 표기라도 병기되어 있으면 좋을 텐데, 관광객이 많이 찾는 지역 외에는 거의 헝가리어 단독으로 되어 있다.

표지판에서뿐만 아니라, 사람들의 입에서도 영어는 대접을 받지 못하고 있다. 헝가리는 비영어권 국가 중에서도 영어를 쓸 줄 아는 사람이 희소한 편이다. 1997년의 통계에 따르면 전체 인구의 5.1%가 스스로 영어를 안다고 대답했다고 하는데, 실상 직접 부딪쳐 보면 일정 연령 이상의 사람들은 영어를 거의 모른다. 일상적 인사말도 모르고 간단한 숫자도 못 센다. 그것은 공산주의 정권의 시기에 40년에 걸쳐서 소련이 강요했던 탈서구 정책의 영향이 큰 작용을 한 탓이라고 한다. 그렇다고 해서 헝가리인들이 러시아어를 잘하는 것도 아니다. 학교에서 러시아어를 열심히 배우지는 않았다고 하는데, 그 배경에는 일종의 불복종 정신이 있었다고 한다. 러시아어를 잘 배웠다면 오늘날 체코로 밀려드는 러시아 수학여행단들이 헝가리의 호텔도 가득 채웠을 것이다. 러시아어는 배척을 받았고, 영어를 배우는 데는 무심했다고 하는 편이 좋겠다. 영어는 헝가리에서 국제공용어로서의 지위를 전혀 누리지 못했던 것이다.

그러나 헝가리 사람들이 외국어에 전혀 무심한 것은 아니다. 부다페스트의 리스트 페렌츠 공항에 내려서 페치까지 승합차를 타고 올 때 그 차에 동승했던 젊은이 하나가 나에게 독일어를 할 수 있느냐고 물어 왔다. 운전기사가 영어를 전혀 모르니 독일어를 매개로 통역을 해보겠다는 생각이었던 것이다. 어떤 세차장에서는 그곳 매니저가 독일어로 말을 걸어오기도 했다. 바로 옆에 독일어를 사용하는 오스트리아와는 연합제국을 구성한 적도 있고, 독일과도 이러저러한 인연 관계에 있었으며, 국가의 문호를 열어 놓기 이전에도 그들과 계속 교류해온 까닭일 것이다. 오늘날에는 독일어권 여행자들이나 일시적 체류자들이 헝가리에 많이 다녀가기 때문에 독일어의 수요가 영어보다는 훨씬 높은 것이다.

실제로 빈^{Wien}이나 독일의 다뉴브 지류에서 출발한 다뉴브 크루즈 선박이 정박하는 모하치의 식당에는 독일어 메뉴판도 있고, 독일어 서빙도 받을 수가 있다. 물론 인근에 독일인 마을이 있는 오르퓌^{Orfü}의 식당에서는 독일어가 통하며, 심지어는 독일어로 진료하는 치과의원도 있다. 페

치의 일부 성당에서는 정기적으로 독일어 미사를 드리기도 한다.

그러나 영어는 이 개방 일로에 있는 헝가리 땅에서 그 영역을 확장하고 있다. 헝가리에서 '미국식Amerikai'은 선진적이고 고급스러운 것을 의미하는 수식어다. 프라이드치킨은 비싼 가격에도 불구하고 헝가리 젊은 층의 입맛을 사로잡고 있다. 영어는 헝가리 사람들이 가장 배우고 싶어 하는 언어의 지위를 획득했다. 공산주의 정권이 무너지고, 개방을 촉진하게 되면서 영어에 대한 관심이 아주 많이 늘어난 상황이다. 초·중등 때부터 영어 교육이 실시되고 있으며, 대학생이라면 웬만큼 영어를 구사할 줄 안다. 서점에 가면 어린이 영어 교육에 관한 책들이 전면에 진열되어 있고, 중심가 건물에는 '영어Angol'라는 간판을 단 학원들이 제법 보인다. 웬만큼 규모가 있는 레스토랑에서는 영어를 할 줄 아는 종업원을 만날 수 있다. 부다페스트처럼 규모가 크고 관광객이 많은 도시에는 영어를 구사하는 사람이 더 많지만, 페치 같은 소도시에서는 영어로 의사소통하기가 어렵기는 하다. 하지만 시간이 좀 더 흐르면 상황은 많이 바뀌리라 기대한다. 영어가 가능한 젊은 세대가 기성세대로 성장할 것이기 때문이다.

아니 그보다도 내 입장에서는 한국말을 할 수 있는 헝가리인들이 많이 늘어나기를 기대한다. 충분히 그럴 가능성도 있다. 유럽에서 일곱 번째로 2012년 봄에 헝가리 부다페스트에 한국문화원이 개원하여 현지인을 대상으로 한국어 강좌를 개설했는데, 수강생이 몰려드는 바람에 모집이 일찍 마감됐다고 한다. 무엇보다 한국 문화에 대한 관심이 이들을 한국어 강좌로 이끌었다고 본다. 부디 헝가리인들이 헝가리어와 한국어의 비슷한 점을 알고 한국어를 잘 배울 수 있기를 바라는 마음이다.

형가리여, 너의 터전에 나를 맡기노라

●세 번째 이야기●

헝가리에서
문맹자가 되다

언어에 대한 준비가 전혀 없이 아이들만 믿고 떠난 헝가리행이었기에, 그리고 그래도 기본적인 영어 정도는 통하겠지 하고 기대했기에, 헝가리어 인사말 한마디도 익혀 놓지 않은 상태로 부다페스트 공항에 도착했다. 어쩌면 알타이어인 우리말과 유사한 것들도 있을지 몰라 하는 심정도 없지는 않았다.

사실 2년 전에 떠난 아이들도 마찬가지였다. 학교의 강의나 행정 서비스의 언어는 영어였지만, 정작 생활에 필요한 것은 그들에게 생소한 헝가리어였다. 헝가리는 인근의 다른 중유럽 국가들과 함께 프랑코포니La Francophonie[10]의 참관국이다. 그래서인지 아이들이 처음 세를 얻은 집의 안주인이 다행히도 프랑스어를 할 수 있었고, 한영외고 프랑스어과 출신인 아람이가 그런대로 의사소통 창구가 되어 같은 집에 세 들어 살고 있던 한국 학생들을 도왔다고 한다. 그래도 학교에서 메디컬 헝가리어나 일반 헝가리어 과목을 의무적으로 듣게 했기 때문에 우리가 합류할 무렵에는 아이들이 일상생

> 10 프랑코포니는 프랑스어를 모국어나 행정 언어로 쓰는 국가들로 구성된 국제기구다.

활을 하는 데 별 어려움이 없는 수준이 되었다.

10년 전 미국에 있을 때 애들 엄마는 그 지역 침례교회에서 제공하는 외국인을 위한 영어 교육 프로그램에 정기적으로 참여했었다. 버지니아텍VirginiaTech이 있는 블랙스버그Blacksburg에는 외국인 유학생과 학자들이 많이 체류하고 있기 때문에 도시 차원에서, 학교 차원에서, 교회 같은 민간단체 차원에서 이러한 외국인을 위한 서비스 프로그램이 적지 않았다. 그런데 외국인 학생들이 이 도시의 경제에 긍정적 영향을 미치고 있음에도 불구하고, 이 페치의 대학이나 시 차원, 그리고 민간 차원에서 그러한 프로그램은 운영되고 있지 않았다. 그래서 하여튼 아이들만 믿고 맨몸으로 부딪쳐 보기로 했다.

사실 언어 환경이 다른 나라에서 살려면 몇 가지 생존 어휘survival words는 꼭 알아야 한다. 우선 일반적인 인사말을 알아야 한다. 헝가리 인사말의 체계는 대체로 영어식이어서 이해 자체는 어렵지 않았다. 아파트 복도에서 아침에 이웃을 만나면 '요 레겔트jó reggelt', 해가 있는 동안에 인사를 할 때는 '요 너포트jó napot', 저녁에 만나는 이에겐 '요 에슈테트jó estét'라고 인사를 한다. 인사말의 마지막 't'음은 짧

미국 블랙스버그 시절의 우리 가족, 2001

고 가볍게 붙인다. 각각 '굿 모닝good morning', '굿 데이good day', '굿 나이트good night'와 통하는 말이다. '하이hi', '헬로hello', '바이bye' 같은 영어식 인사는 그런대로 통한다.

또한 신사가 되고, 숙녀가 되기 위해서는 '고맙다', '감사하다'는 표시를 할 줄 알아야 한다. 식당 같은 데서 서빙을 받으면 '쾨쇠뇜köszönöm'이라고 하여 감사의 뜻을 표한다. 그런데 모음에 움라우트가 잔뜩 붙어서 발음이 간단치는 않다. 아울러 상대방의 사의謝意 표시에 대해서는 '반드시' 반응을 보여야 한다. 여기 '반드시'라고 강조를 한 것은, 우리말에는 이러한 인사법이 없어서 외국 여행 중에 결례를 하는 경우가 있기 때문이다.

영어권에서는 "Thank you!"에 대하여 "You're welcome!" 또는 "It's my pleasure!" 같은 응답인사를 한다. 중국에서도 "시에시에謝謝"라고 인사를 건네면, 꼭 "부커치不客氣"라는 답장이 돌아온다. 또는 "부융시에不用謝"라고도 한다. 헝가리에서는 이런 뜻으로 "시베셴szivesen"이라 한다.

'예'와 '아니요' 같은 대답도 알아야 한다. 물론 대답할 때는 상대방 질문에 대해, 질문 내용이 옳으냐 그르냐에 따라 '예'와 '아니요'를 말해야 하는지한국어처럼, 아니면 대답할 내용의 진위 여부로 말해야 하는지영어처럼를 알아놓아야 한다. 헝가리에서는 '예/아니요'를 '이겐igen/넴nem'으로 말하는데, 영어식으로 대답하면 된다.

무엇보다도 중요한 어휘는 '화장실'이다. 화장실은 영어 표현을 따다 쓰는 것 같다. '베체vécé'라고 하는데, WC를 헝가리식으로 읽는 말이다. 생리작용으로 인해서 직장이나 방광이 불룩해지면 부득이 배설 공간을 찾아야 한다. 화장실은 그처럼 기본적인 공간이기 때문에 그림으로 표시해 놓기도 한다. 헝가리에서는, 아니 일반적으로 유럽에서는 화장실 인심이 별로 좋지 않기 때문에(공중화장실에서는 대부분 이용료를 받는다) 웬만하면 참지만, 그래도 인내가 불가능한 경우가 생긴다.

일단 화장실을 찾으면 그다음에는 남녀 구분을 해야 한다. 남자 칸과 여자 칸을 머리 모양이나 복장 등의 그림으로 표시하면 그런대로 알아볼 수 있겠지만, 글자로 쓰여 있으면 어휘를 모르는 사람은 난감하게 된다. 베오그라드의 '물음표 카페'의 화장실에는 온갖 종류의 언어로 남녀를 구분해 놓아서 이용자들에게 신선한 웃음을 주기도 했지만, 대부분은 자기 나라 말이나 영어로 표기한다.

베오그라드 '물음표 카페'의 화장실 표지판

이 표지판의 네 번째 줄의 두 번째 어휘가 헝가리 말이다. 'Férfi'는 남성이요, 'Nöi'는 여성인데, 그냥 간단히 'F'나 'N'으로 표시하기도 한다. 'F'는 흔히 로맨스어 계통에서 여성female을 가리키는 심벌이기에 처음에는 남성과 여성을 혼동하는 경우도 있었다. 소위 '간섭' 현상이 있었던 것이다.

외국인이 헝가리에서 처음 접하는 어휘는 주로 표지판에 쓰인 말들이다. 표지판의 어휘는 비록 뜻은 정확히 몰라도, 그 표지판의 환경에 견주어 보면 그 말이 무엇을 가리키는지는 짐작할 수 있다. 체류 기간이 점점 늘어나면서 나는 어휘들에서 비슷한 유형을 찾아내기도 하고, 접두사나 접미사를 조금씩 이해할 수 있게도 되었다. 아람이가 조금씩 힌트를 제공해 주었기 때문에 나의 암호 맞추기 게임은 제법 잘 진행되었다.

예를 들어, 두너Duna 강변에 있는 도시와 마을, 그리고 길 이름 등에는 'Duna'라는 키워드가 포함된 이름이 붙는 경우가 많았다. 그중 제일 큰 도시가 'Dunaújváros두너우이바로시'다. 이 말은 'Duna-új-város'라는 세 어휘로 분석된다. 'új'는 새롭다新, new는 뜻으로 'új színhaz신극장, 新劇場'이란 말에서도 볼 수 있다. 'város'는 도시都市라는 뜻인데, 과거에는 성을 중심으로 도시가 형성되었으니 'vár성, castle'의 파생어가 아니겠는가? 그러니까 'Dunaújváros'는 '다뉴브신도시'라는 뜻이겠지 싶은 것이다.

또 한 가지, 헝가리 생활 시작 단계에서 가장 자주 접했던 어휘로 'bejárat'와 'kijárat'가 있다. 이 두 말은 건물 출입구에 쓰여 있는데, '-járat'를 공유하면서 서로 대립되는 말이라는 것을 눈치 챌 수 있었다. 따라서 하나는 출구요, 다른 하나는 입구일 텐데 이 말이 라틴어나 희랍어의 어근과는 전혀 관련이 없어서 도무지 짐작할 수 없었다. 하지만 다른 사람이나 차량들이 어떻게 다니는지를 잠깐 살피는 것으로 해결할 수 있었다. 전자가 '입구'요, 후자가 '출구'다.

고유명사는 어휘를 합성하면서 단어를 그대로 붙이는 경우가 많은 데 비해, 일반 어휘에서는 모음조화를 고려하여 접미사를 붙이거나 활용을 하는 경우가 많아서, 제대로 배우지 않고는 그 결합관계를 완전히 알기는 어려웠다. 출입문을 미느냐 당기느냐를 나타내는 표지는 아직도 제대로 기억하지 못하고 있다.

마켓에 가면 더러 약자를 쓰기도 한다. 계량 단위는 미터법을 쓰기 때문에 전혀 문제가 되지 않았지만, 그런 약자 표기를 알 수는 없었다. 그 중에 하나가 'db'였다. 자음 두 개만 겹쳐 있으니 아무래도 약자로 보이는데, 영어식으로는 'database'의 준말이거나 'decibel'을 나타내는 단위의 표기이지만, 상점에 그런 뜻으로 쓰일 일이 전혀 없지 않은가? 그게 채소나 과일의 가격 표시에 적혀 있으니 도무지 이해하기가 어려웠다. 헝가리 마켓에서는 일반적으로 채소나 과일은 무게에 따라 값을 매기는 경우가 많고, 그런 물품은 미리 계량대에서 가격표를 뽑아 물품에 붙인 다음에 계산대로 가져가야 한다. 그런 물품에는 반드시 '그램당 얼마'라는 표지가 있는데, 이 'db'로 표기된 것은 계량대 기계의 LCD 화면을 아무리 뒤져보아도 해당 그림을 찾을 수 없다. 한참 실랑이를 하다가 가격

표를 뽑지 못하고 직원을 불러 손짓 발짓을 하면서 도움을 청하니, 그냥 계산대 쪽을 가리키며 뭐라뭐라 하지만 도무지 말뜻을 알 수가 없었다. 정답을 알아내는 데는 오랜 시행착오와 진지한 관찰이 필요했다. 'db'는 'darab'이란 말의 약자였고, 그것은 '개piece'라는 뜻으로 무게로 계산하는 것이 아니라 '개당 얼마'로 계산하는 것이니, 계산대로 그냥 가져가면 되는 것이었다.

어휘가 다르니 물건을 찾기도 힘들었다. 채소와 과일, 그리고 기타 식재료들의 경우에 서양권에서 보통 통용되는 어휘(치즈, 버터, 토마토, 오렌지, 우유, 소금, 설탕, 수프, 감자 등등)를 쓰지 않고 자기 고유 어휘를 고집하고 있다. 뭐 다행히 마켓에 현물이 있으니 찾아서 사 먹을 수 있었던 것이지, 그렇지 않았다면 정말 힘들었을 것이다.

숫자는 꼭 외우려 했는데 만만치가 않았다. 택시를 타도 집주소를 거리 이름과 번지수로 얘기해 줘야 하고, 특히 주유소에서도 꼭 필요했다. 거의 모든 주유소가 셀프 방식인데, 주유기 자체에서 계산하는 한국과는 달리 계산대에 가서 주유기 번호를 말하고 계산해야 한다.

헝가리 고속도로는 개방식이라서 통행료[11]를 미리 내고 진입해야 한다. 통행권은 어느 주유소에서나 살 수 있다. 이때도 열흘짜리, 한 달짜리, 아니면 일 년짜리를 원하는지를 말해야 한다. 슈퍼마켓에 가서도 빵을 봉지에 담아서 가져가면 계산원이 몇 개냐고 묻는 경우가 있으니, 그것도 대답해야 한다. 따라서 숫자 외우기는 현지 생활 적응에 우선적으로 중요했다. 그런데 정말 괴로운 것은 이 헝가리어 숫자가 내가 알고 있는 그 어떤 언어와 눈곱만큼도 통하지 않는다는 것이다. 한번 구경하시기 바란다.

11 통행료는 운행 거리와는 관계가 없이 오로지 운행 기간에 따라 계산한다. 그 기간 내에서는 무제한으로 이용할 수 있다. 요금은 저렴해서 열흘짜리(1만 5천 원 정도)로 끊고 부다페스트까지 한 번 왕복만 해도 한국 요금보다 훨씬 싼 셈이다. 한 달권은 2만 4천 원 정도도, 일 년권은 22만 원 정도다. 헝가리 정부에서는 점차적으로 전자식 통행요금 체계를 도입하여 폐쇄식으로 변경하려 한다고 한다. 말하자면 운행 거리에 따르는 요금 지불 방식으로 바꾸려는 것이다.

egy(1)   kettö(2)   három(3)   négy(4)   öt(5)
hat(6)   hét(7)   nyolc(8)   kilenc(9)   tíz(10)

아무런 연관성 없이 '일, 이, 삼, 사……'를 외우다 보니, 막상 숫자를 말해야 할 때는 생각이 나지 않아 애를 먹은 경우가 많았다. 또 힘들여 말은 해보지만, 상대방이 내 발음을 못 알아듣는 경우도 있었다. 그럴 때는 손가락을 꼼지락거리거나 종이와 펜을 동원할 수밖에 없었다. 정말 고마운 것은 조물주가 손가락을 10개나 만들어 주셨다는 것과 전 세계 국가들이 아라비아숫자를 가져다 쓴다는 것이다. 그런 식으로 생존은 했지만, 헝가리어 수준이 유치원생만도 못하니 스스로도 참 한심하다고 생각했다.

언어 문제의 시행착오는 아이들이 여름방학 때 한국에 나가 있는 동안에 주로 일어났다. 그 기간은 한마디로 '문맹자 체험'의 시기였다. 글자는 있는데 제대로 읽지도 못하지, 읽는다고 해도 무슨 뜻인지 모르지, 헝가리 말을 한마디쯤은 할 수 있다고 해도 상대방의 대답을 이해할 수 없으니 참으로 애로가 많았다. 그래서 애들이 한국에 나간 것은 꼭 심청이가 아버지 눈을 뜨게 하기 위해서 공양미 삼백 석을 얻을 요량으로 인당수에 몸을 던지는 꼴이라 말하곤 했다. 뺑덕어미에게 아버지를 부탁하고 갔는데 현실에서 심봉사는 이전보다 더 못한 꼴이 되었던 것이다.

헝가리 말을 알아보기 위한 게임은 이런 식으로 진행되었고, 헝가리어 어휘에 대한 지식이 조금씩 쌓여 갔다. 그리고 아파트 계단에서, 혹은 메첵Mecsek 산길에서 현지인들을 만날 때면 내가 먼저 "요 너포트jó napot!"하고 인사를 건넬 수도 있게 되었다.

페치에 소문난
우리 가족

●

페치는 형가리에서도 매우 보수적인 도시다. 한번은 우리 큰애 여름이가 2012년 초봄에 집에서 입고 있던 반바지를 입고 슬리퍼를 착용한 채 아르카드Árkád라는 상가에 갔는데, 거기서 뜻하지 않은 봉변을 당했다. 무슨 물리적 봉변이 아니라 푸드 코트에서 식사하던 사람들, 벤치에 앉아 쉬던 사람들, 에스컬레이터를 타고 오르내리던 모든 사람의 시선이 모두 여름이의 발목과 얼굴로 번갈아가며 모여들었기 때문이다. 동행하던 나까지도 그 시선의 따가움을 느낄 정도였다.

사실 여름이 스스로도 옷차림새에 대해 망설이기는 했다. 하지만 그와 같은 따가운 시선이 꽂힐 것이라고는 예상하지 못했던 것이다. 여름철이면 특히 여자들은 홀러덩홀러덩 입은 둥 만 둥 시원스러운 옷차림으로 다니는 반면, 봄철에는 속살을 빈틈없이 감추고 다니고 있던 것이다. 더군다나 슬리퍼를 '직직' 끌고 다니는 사람들도 보이지 않았던 때였다. 미국식이라면 전혀 문제가 되지 않을 일이었지만, 또 부다페스트만 해도 별 상관없는 일이었을 테지만, 페치는 달랐다. 일본으로 치면 보수적이라고 소문난 교토京都 같은 곳이 아닐까 싶다.

이러한 페치 사람들 얘기에 부다페스트 거주 교민들도 놀란다. 부다페스트 바로 아래 에르드Erd에 사는 교민 한 사람은 자기 지역에서는 현지 사람을 만나면 30분 이내에 사돈의 팔촌까지의 호구 조사가 다 끝날 정도로 친밀함을 보인다고 한다. 그러나 페치에서는 어림도 없는 일이다.

일 년 내내 페치 거리에서 먼저 말을 걸어오는 현지인은 한 사람도 없었다. 그런데 봄철 저녁에 산책을 나갔다가 뜻밖에도 "다운타운을 어디로 가느냐?"는 영어 질문을 받은 일이 있었다. 좀 어이가 없었지만 질문을 한 사람은 다름 아닌 부다페스트에서 관광을 온 헝가리인이었다. 미국에서는 공원에서 산책을 하다 사람을 만나면 알든 모르든 무조건 환한 미소를 지으며 인사를 한다. 내심 '나는 당신에 대해 아무런 적의가 없으니, 당신도 나에게 적의를 품지 마십시오'라는 뜻이 내포된 행위다. '아차' 하면, 주머니에서 권총을 꺼낼 수도 있는 그들이니 그러한 인사법이 발달되었을 것이다.

헝가리 사람들은 주머니에 흉기를 가지고 다니지 않는지 절대로 이방인인 나와 눈을 마주치지 않으려 한다. 물론 인사를 안 했다고 해서 나에게 해코지를 하는 사람도 전혀 없었다. 하지만 영어가 안 되면, 가벼운 눈인사라도, 아니면 헝가리 말로 "여판Japán?, 키너이Kínai?[12]"라고 물을 수도 있을 텐데 아무도 관심이 없었다.

아니, 사실대로 말하자면 관심은 많으나 차마 접촉을 못 하는 것으로 보였다. 언어의 장벽도 무척 크게 작용

12 '여판'은 일본, '키너이'는 '중국의 (사람)'이란 뜻이다.

했겠지만 그보다는 페치 사람들의 성향에 기인하는 것이 아닐까 싶었다.

그들 스스로도 인정하지만 페치 거리에서 만나는 사람들 중에 웃음을 띤 표정을 보이는 사람은 거의 없다. 공산 치하의 경험도 있고, 어려운 경제의 터널을 지나고 있는 중이기도 하니 결코 표정이 좋을 수는 없지만 그래도 외부인에 대해서는, 자기 돈으로 여행 와서 헝가리 문화를 즐기

코다이센터에서 열린 자그레브 교향악단 연주회. 연주 후에 잠시 한 컷

고 있는 외국인들에 대해서는 관심을 보여줘도 되지 않을까? 그것은 결코 문화적 자긍심의 표현이 아니다.

페치는 1998년에 유네스코로부터 소수민족 문화 보존에 대한 공로로 '평화의 도시Cities for peace'라는 칭호를 받았고, 시 자체의 모토도 '경계 없는 도시The Borderless City'라 한다는데, 외국인들이 피부로 느끼는 페치인들의 태도는 다소 차갑다. 여하튼 페치 거주를 시작하면서 가지게 된 그 도시에 대한 인상은 결코 긍정적이진 못했다.

하지만 처음의 판단은 시행착오를 겪으면서 새로운 생각으로 대치되기 시작했다. 시간이 지나면서 처음에는 보이지 않던 페치의 속살이 조금씩 보이기 시작한 것이다. 그들의 무표정이 결코 냉정한 마음에서 나오는 것이 아니라는 것도 알게 되었다. 특히 페치의 문화를 체험하기 시작하면서 나는 속으로 조금씩 주눅이 들기 시작했다. 일례로 코다이 센터의 연주 홀은 한국의 그 어느 것도 따라잡을 수 없을 정도로 멋지고 좋았다. 물론 그곳 전속 악단인 판논 필하모니 오케스트라의 음향과 연주는 가히 세계 정상급이라 할 만했다.

페치를 소개하는 대표적인 브로슈어에서 '박물관 도시The Town of Museums' 라고 자칭하는 것에 걸맞게 실제로 페치 중심부의 일정 영역은 작은 박물관과 화랑들이 줄지어 있었다. 페치라는 도시 자체가 박물관The Museum Town이라 해도 과언이 아닐 듯싶었다.

페치 시내는 온갖 양식의 중세 유럽 건물들이 즐비하다. 페치 바실리카Basilica는 로마네스크 양식의 명품이다. 비록 낡기는 했지만 원본을 보존하기 위해 페치 사람들은 생활의 불편함을 기꺼이 참아내고 있었다. 빈Wien보다 부다페스트가 더 전통적인 유럽의 도시라고 할 수 있다면, 건물과 그 양식에 있어서 페치는 그보다 한 수 높은 도시라고 할 수 있다. 그만큼 페치가 더 유럽적인 전통을 간직하고 있는 것이다.

이러한 페치의 문화 존중과 전통 유지의 태도는 유럽에서도 알아주고 있다. 페치가 2010년 유럽 문화 수도로 지정된 것은 결코 우연이 아니었다. 2천 년이 넘는 고도의 자존심은 근거가 없지 않았다.

2012년 3월에는 나를 초청해 준 일디코 선생으로부터 연락이 왔다. 페치에서 발행되는 '타임아웃 페치Timeout Pécs'라는 잡지에서 우리 가족을 인터뷰하겠다는 것이다. 두어 차례 담당 기자와 이메일 교환 끝에 주로 아람이와 인터뷰를 하는 것으로 결정하였다. 그 자리에 나도 나갔다. 기자는 페치에 대한 인상과 소감을 말해 달라고 요청했다. 나는 서슴없이 성경에 나오는 비유를 원용하여 "페치는 숨겨진 보물" 같다고 말했다. 가진 모든 것을 들여서라도 사고 싶은 보물 말이다. 물론 그것은 드러나 있지 않고, 꽁꽁 감추어져 있다. 페치에 감추어진 보물을 하나씩 찾아내볼 각오였다.

얼마 지나니 잡지가 발간되었다. 태극기를 배경으로 한 어떤 한국 젊은이의 늠름한 모습이 장하게 느껴졌다. 기사에서는 아람이가 말한 내용, 즉 분당과 페치를 비교한 것을 타이틀로 뽑아놓았다.

PÉCS
THE TOWN
OF MUSEUMS

▲ 페치를 소개하는 브로슈어
▼ 코다이센터 연주 홀 내부

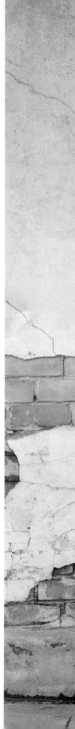

- Bundang-gu felhőkarcolói helyett a Magasház
  (분당구의 높은 건물 대신 '머거시하즈')

'머거시하즈'는 과거 소련군 주둔 시절에 그들의 숙소로 사용했던 30층쯤 되는 아파트의 이름이다. 시내 중심부가 최고 5층 높이의 나지막한 건물들이 연속되어, 지붕과 지붕을 연결하면 부드럽게 선으로 이어지는 데 비해 이 건물의 높이와 모습은 너무나도 생뚱맞았다. 지금은 아무도 살지 않는 폐허가 되었고, 페치의 흉물로 남아버렸다. 그것은 잊고 싶은 그들의 역사였다.

다행히 시내 중심부가 아니라 의과대학 인근에 있어서 페치의 문화유산이 만들어내는 아름다운 풍경을 망치지는 않지만, 헝가리의 전통과 문화를 짓눌러버리고 싶은 점령군의 오만을 상징하고 있다. 이제 20년밖에 안 되는 신생 도시 분당은 결코 2천 년 된 페치를 넘을 수 없다. 고층 아파트의 연속인 분당은 인구수나 경제력으로나 고급 차의 비율로 페치를 압도한다. 하지만 인고의 역사와 그 문화적 저력으로는 결코 페치에 근접하지 못한다.

분당은 생활하기는 엄청 편하지만, 그 어느 곳에도 감추어진 보물은 없다. 신도시라는 것은 시간이 지나 낡아지면서 그 '신도시'라는 정체성을 잃어버릴 수밖에 없다.

이 잡지는 페치의 주요 음식점과 관광 시설에 배포되었다. 그래서 그 무렵에 음식점에 가면 입구에 놓여 있는 잡지를 가져다가 종업원들에게 보여주며, "이게 바로 우리 아들이오!" 하고 자랑하기도 하였다. 한국에서는 잡지에 내 기사가 나면, 그 잡지사 영업 담당자들이 득달같이 전화를 해서 정기구독을 해달라고 사정을 하는데, 헝가리에서는 그러지 않았다. 본래 무가(無價)로 배포되는 것이기도 했지만, 워낙 점잖아서 그런 아쉬운 소리를 할 사람들이 아니었던 것이다.

Bundang-gu felhőkarcolói helyett a Magasház

Aram Kim Dél-Koreából költözött Pécsre, 2010 óta az orvostudományi egyetem hallgatója. „Magyarországot azért választottam, mert egy egzotikusabb országban szerettem volna tanulni, nem Franciaországban, Németországban vagy az Egyesült Államokban. Olyan országot kerestem, amely kevésbé ismert világszerte." Aramot szülei is elkísérték Pécsre, ők még egy évig maradnak a városban.

Aram Kim

Pécsről

Aram egy nagyváros helyett egy meghittebb, hangulatosabb, tisztább kisvárost keresett, így esett Pécsre a választása. „Mikor megérkeztem, még az egész város szinte építési terület volt. Angol feliratok pedig sehol sem voltak, így kezdetben elég nehezen boldogultam. Aztán 2010 folyamán mintha az angol nyelv teret hódított volna magának a városban, az éttermekben a menü már két vagy három nyelven is fel volt tüntetve." A legnagyobb élményt viszont azóta is a Kodály Központ jelenti Aram számára: „Nagyon szeretem a klasszikus zenét, a magyarokat, Lisztet, Bartókot, Kodályt különösen. Ezért hatalmas élmény a Kodály Központban koncerteket hallgatni, ilyen koncertteremben még sehol sem jártam." Aramot szülei, Dr. Byongsun Kim egyetemi oktató és felesége, Hyunjin Kwon, zongoratanár is követték, két hónapja már ők is Pécsett laknak, egy évig maradnak. Ők is a Kodály Központ rajongói, szerintük a Pannon Filharmonikusok lenyűgöző, sokkal jobb, mint a koreai nemzeti zenekar.

Aram édesapja szerint Pécs igazi rejtett kincs, amelyet fel kell fedezni. „Először csalódott voltam a város külseje miatt, de aztán fokozatosan felfedeztem Pécs kulturális értékeit, azt, hogy mi zajlik a felszín alatt." Aramnak Koreához képest nagyon szokatlanok voltak az alacsony pécsi épületek, hiszen Bundang-gu tele van felhőkarcolókkal. „Itt az egyetlen magasabb épület a Magasház, ezt nehéz volt megszokni."

Dél-koreai import

Aram ha tehetné, a koreai sportkultúrát importálná Magyarországra. „Amennyire láttam, itt nagyon ritkák az olyan parkok, ahová csak úgy le lehetne menni sportolni valamit,

focizni, játszani. Mindenki gyúr, konditerembe jár. A sport legtöbbször egyéni elfoglaltság, nem csoportos. Vagy professzionális szinten űzi valaki, vagy sehogy. Hiányzik a lehetőség a szabadtéri sportoláshoz." Aram a sört is Koreából hozná, annak ellenére, hogy Pécsett tapasztalta meg először egy sörfőzde illatát, de inkább a hazai kiváló minőségre szavaz.

Jövő

Aram az orvosi egyetem befejezése után szeretne PhD-zni is. „Meg szeretném tapasztalni az igazi magyar kultúrát. Igaz, hogy két éve itt élek már, de a magyarom még mindig nem túl jó, szeretném megtanulni a nyelvet, itt dolgozni. Adni szeretnék egy esélyt Magyarországnak és Pécsnek. Mikor a közösség igazi tagjává válok, akkor tudom majd eldönteni, hogy itt szeretném-e leélni az életemet, vagy inkább valahol máshol."

Ritmus

A legnagyobb kulturális sokkot Aram számára az okozta, hogy míg Koreában állandó a tömeg és a nyüzsgés az utcákon, és az üzletek, éttermek éjszaka is nyitva vannak, addig Pécsett alig találni egy-két éjjel-nappalit. „Itt mintha este megállna az élet, 8-9 körül minden bezár. Magyarországon a munka is korábban kezdődik, a legtöbb cégnél már 8-ra kell érni, míg Koreában 9 körül kezdődik a munka. Ehhez hozzá kellett szoknom, mivel korábban éjjeli bagoly voltam, ezen változtatnom kellett."

Gasztro

Gasztronómia terén meglepő a hasonlóság Dél-Korea és Magyarország között. „Azt szoktam mondani, hogy otthon érzem magam, mikor magyar ételeket, például káposztát vagy gulyást eszem. A koreai konyhában is nagyon sok fűszerpaprikát és erős paprikát használnak."

A magyarokról

Aram édesapja szerint a magyaroknak egy vagy két arckifejezésük van összesen, mint a koreaiaknak, ellentétben a nyugat-európaiakkal vagy az amerikaiakkal. „Nagyon nehéz kitalálni, hogy mit gondolnak, és hogyan viszonyulnak hozzám." Aram úgy véli, a magyarok olyanok, mint egy csukott könyv. „De nem ítélhetsz meg egy könyvet a borítója alapján. A magyarok zárkózottak, nem nagyon beszélgetnek veled, de ha egyszer sikerült közelebbről megismerned őket, nagyon barátságosak és segítőkészek. Őszinték is, nem szeretnek hazudni senkinek. Emellett sokszor azt érzem, a magyarok nem tudják, hogyan kezeljék a külföldieket. A barátaimnak is szoktam mondani, hogy egy-egy esetben nem diszkrimináltak őket, csak nem tudják, hogyan viselkedjenek a külföldiekkel. Ez sokszor az angoltudás hiánya miatt lehet."

타임아웃 페치에 난 아람이 인터뷰 기사

●다섯 번째 이야기●

기후에
적응하기

●

다른 나라로 여행하기 위해서는 사전에 꼭 알아보아야 하는 것들이 있
다. 그중 하나가 기후다. 기후는 사람이 사는 조건 중에도 매우 중요한
것이고, 또한 옷을 어떻게 준비할 것이냐와도 관계되는 문제이기 때문이
다. 객관적으로만 본다면 헝가리는 북위 45~49도 지역에 위치하고 있
다. 남한이 북위 33~38도인 것을 고려하면 정말 한참 위쪽인 것이다.
우리가 거주한 페치가 북위 46도쯤 되니, 동토의 땅이라서 겨우내 빙등
제氷燈祭가 열리는 중국의 하얼빈북위 45도보다도 높다. 그러면 '페치는 하얼빈
만큼 춥겠다, 대신 여름에는 시원하겠네'라는 생각이 들게 된다. 그러나
천만의 말씀이다. 기후는 꼭 위도의 숫자에 따라가는 것은 아니기 때문
이다.

  헝가리의 기후에 대한 자료들을 보면, 헝가리 역시 우리나라와 마찬가
지로 대륙성 기후에 속하며, 사계절이 뚜렷하다고 되어 있다. 중부 유럽
의 중심에 자리하고 있으니 대륙의 영향을 받기 마련이다. 그리고 헝가
리 남부 지역(특히 페치 지역)은 지중해성 기후에 속하여 온화하다는 설

명이 부기되어 있다. 이러한 각종 안내서의 기후 지표와 생활 체험의 기후 지표는 다르다. 특히 20세기 말부터 지구의 체온은 이를 예측하는 사람을 비웃고 있는 중이다.

페치 날씨는 한국보다 온화한 편이라고 하는 것이 좋겠다. 겨울은 한국보다 따뜻하고, 여름은 한국보다 더 덥다. 그 온도 차이는 3도 내외라고 보면 된다. 그래서 당연히 사계절용 옷을 다 준비해야 한다. 헝가리의 위도가 매우 높다 보니, 밤과 낮의 길이 변화가 매우 심하다. 저 북유럽에서는 백야 같은 현상도 나타나지만 헝가리는 그렇지는 않다.

하지夏至 무렵에는 저녁 9시가 되어야 '어, 해가 지네'란 말이 나올 정도로 해가 길다. 새벽은 오전 3시쯤에 시작한다. 반면, 겨울에는 오후 4시쯤이면 어둑어둑해지고, 아침 8시에도 새벽 같은 느낌이 든다. 특히 겨울철에는 낮도 짧은 데다가 흐린 날도 많아서, 자칫 하면 우울증에 걸리기 쉽겠다는 생각이 들었다.

기후와 생활 스타일

기후에 대한 적응을 위해서는 의복도 필요하지만 무엇보다 현지 사람들의 생활 스타일을 주의 깊게 볼 필요가 있다.

겨울 외에는 큰 비가 내리지는 않기 때문에 헝가리 사람들은 우산을 거의 준비하지 않는다. 비가 올 것 같으면 방수 기능이 있는 겉옷 정도만 준비한다. 우산을 사용하지 않는 이유 중 하나는 늦봄에 부는 '보러Bora'라는 국지성 바람 때문이기도 하다. 바람이 강하게 부니 우산은 방수 기능을 제대로 못 하게 되고, 괜히 우산살만 부러지기 때문이다.

또 한 가지는 헝가리 사람들이 저녁을 활용하는 방식이다. 한국에서는 남자들은 아직도 바깥에서 업무를 보는 사람들이 많고, 아이들은 아직도 학원에 가 있으며, 집에 있는 사람들은 TV의 연예오락 프로그램이나 드

봄이면 온 들판이 유채꽃으로 뒤덮인다.

라마에 재미를 붙이고 있는 시간이다. 페치에서는 이 저녁 시간에 거리를 오가는 사람들 보기가 힘들다. 대학에서 공부하고 집으로 돌아오는 학생들만 간간이 보일 뿐이다. 대체 이들은 이 저녁에 뭘 한단 말인가? 그것을 알아야 헝가리인들의 생활 스타일을 알 수 있을 텐데, 다들 피난을 갔는지 사람을 도무지 만날 수가 없었다.

그 해답은 나중에 알게 되었다. 저녁에는 물론 다들 집에 모여 함께 식사를 하고, 식구들과 대화를 하며, 집안일을 하고 나서는 책을 읽거나 TV를 본다고 한다. 사실 헝가리인들은 자국 문화에 대한 자긍심이 대단하다고 한다. 의무교육 기간에는 세계 고전 읽기 훈련을 열심히 시킨다고도 한다. 하긴 이 도시에 처음 도착했을 때, 도시의 규모에 비해 서점이 많기도 하고, 크기도 하다는 느낌을 받았다. 체코를 방문했을 때, 나를 초대한 푸첵Pucek 교수(카를대학 한국어과)는 체코도 독서율이 높으며, 자신이 번역한 한국 문학작품도 제법 많이 팔린다고 했다. 헝가리 TV에는 저녁 시간대에 드라마도 별로 없고, 연예오락도 거의 보이지 않는다. 말하자면 이들은 매우 정적인 삶을 살고 있다. 기후에 적응하여 고유의 문화를 즐기는 동시에 가정생활의 참맛을 느끼며 살아가고 있는 것이다.

이 아름다운 기후 가운데도 특히 봄철은 아름다웠다. 이때쯤이면 헝가리 평원은 유채꽃으로 뒤덮인다. 제주도는 저리 가라 할 정도로 온 들판이 노란색 꽃의 향연이 된다. 이어 해바라기까지 피어나면 봄날은 사람들로 하여금 자꾸만 '들로 나오라!'고 들쑤신다.

헝가리여, 너의 터전에 나를 맡기노라

●여섯 번째 이야기●

덥다, 더워도
너무너무 덥다

●

헝가리 사람들도 인정하지만 2012년의 여름은 무척 더웠다. 거의 섭씨 40도에 육박하는 날씨였다. 한창 더울 때 이 '더위'에 대하여 몇 가지 생각을 해보았다.

'더위'-이 말은 말 자체로는 참 예쁜 말이다.

'덥다'라는 형용사에 '-이'라는 접미사가 붙어 명사가 된 것이다.

'덥다'라는 말의 어원을 알 수는 없지만 '춥다'와 더불어서 기후에 대한 불만의 감정이 들어 있는 표현이다.

요즘에는 온대지방에서 그런 불만의 감정이 보편화되고 있다. 확실히 내가 어렸을 때에 비해서 더워진 느낌이다. 이제 한반도의 남단 땅이 아열대로 변하는 것으로 보아서는 실제로 지구 온난화가 일어나고 있는 것 같기도 하다. 그렇다고 옛날에는 여름에 덥지 않았느냐 하면 그렇지는 않은 것 같다. 정월 대보름날, 부럼을 깨무는 것도 중요 과제였지만 '더위

094

를 파는 일'도 심각한 행사였기 때문이다. 더위를 팔면 나는 시원하고, 상대방은 더 덥다는 것은 과학적으로는 말도 안 되는 이야기이지만 그래도 여름에 더위를 너무 느끼게 되니, '금년에 더위를 제대로 팔지 못했나?' 하는 후회의 심정도 든다. 하여튼 재미 삼아서 하는 일이지만 더위를 거래의 대상으로 삼은 나라는 한국뿐일 것이다.

정말 덥다. 헝가리에는 정월 대보름도 없고, '내 더위, 네 더위'라고 표현할 길도 없었으므로 금년에는 그런 거래 행위를 못 하고 말아서 이렇게 더운 것이라고 치기로 한다. 한 사람의 프로테스탄트Protestant로서 나는 기후에 불평하는 것은 불경건한 일이라고 생각하고 있다. "날씨가 왜 이래!"라고 말하는 것은 정말 어리석고 보잘것없는 인간이 자기 주제를 모르고 하나님과 그 대리인인 자연에 대적하는 말이다. 아마, 노아 시절에 40주야 비를 경험한, 아니 그 날짜를 다 채우지 못하고 홍수에 휩쓸릴 수밖에 없었던 사람들도 그 말을 했을 것이다. 날씨는 인간이 정한 계절의 이름으로 설정되는 것도 아니고, 평균 기온, 관측소의 예측대로 정해지는 것도 아니다. 온도에 대한 불평은 호텔 객실에서나 할 일이다.

한여름에 더운 바람이 불어오면, 비록 조물주에 대한 신앙이 없는 사람이라도 자연의 엄청난 힘에 대해 한번쯤 주눅들 필요가 있다. 인간이 얼마나 많은 열풍기를 돌려야 그 더운 바람을 만들어낼 수 있는지를 생각해 보아야 한다. 할 수 없다. 다만 우리가 할 일은, 그러나 더위에 그냥 무력하게 나자빠지지는 말고, 부채라도 부치고, 선풍기라도 돌리면서 견디어내는 일뿐이다. 에어컨은 또 다른 더위를 만들어내는 것이기 때문에 최소한으로 썼으면 한다.

위도가 한국보다 훨씬 높은데도 불구하고 헝가리의 기온은 한국보다 낮지 않다. 여기 볕은 무공해 대기를 통과해서 유감없이 내려오기 때문에 무척이나 따갑다. 하지만 다행히 건조한 편이라서 그늘에만 들어가면 견딜 만하다. 감당하기 힘든 자연현상이라도 신은 피할 길을 주신 것이다.

겔레르트 온천 풍경

저녁 무렵에 한 시간씩 산책을 해도 러닝셔츠가 거의 젖지 않는다. 우리는
다세대주택의 옥탑에 살았는데 창문마저 동서로 나 있어서 아침 일찍부
터 저녁 늦게까지 후끈거렸다. 데워진 기와의 온도가 그대로 집 안으로 전

해졌기 때문이다. 그런데 지하 주차장만 내려가면 서늘하다. 결국 더위는
사람들의 지혜가 모자라서 느끼는 감각인 것이다. 문명이라는 것이 자연
을 정복하는 것 같지만 결국 자연을 무시한 벌을 받는 것, 그것이 더위다.

형가리여, 너의 터전에 나를 맡기노라

● 일곱 번째 이야기 ●

건조체의
형가리 날씨

●

형가리의 기후를 문체(literary style)로 따지면 건조체일까, 화려체일까?

삶의 조건 중에서 가장 중요한 것이 기후다. 그에 따라 사람들의 집도 달라지고, 옷차림도 각양각색이 되며, 먹을거리도 천차만별이다. 지역마다 날씨가 다르므로, 이에 따라 생활 습관도 다르며 사람들의 체질은 더욱 차이가 난다. 그 차이는 육체적인 것에서 시작하여 정신적인 부분으로 확대된다. 우리 부모님만 해도 북쪽 출신인 아버지는 성격이 좀 급하신 반면, 남쪽에서 살아오신 어머니는 약간 느긋하셨다. 형가리 날씨는 대륙성 기후라는 점에서 한국과 크게 다르지 않아 옷을 준비하는 것도 문제가 없었으며 환경에 대한 적응도 어렵지 않았다. 사계절이 있고, 겨울에 눈을 볼 수 있었다.

그런데 한국과 크게 다른 점이 있으니, 그것은 바로 비와 눈이 내리는 시기다. 한반도에는 주로 여름철에 큰 비가 내린다. 필리핀 근처에서 형성된 열대성 저기압이 동북아시아로 올라오면서 우리나라와 일본에 많은 비를 뿌리고 간다. 여름철 외에도 삼면이 바다로 둘러싸인 우리나라는 비가 인색하지는 않은 편이다. 그런데 헝가리에는 겨울에 주로 비(눈)가 온다. 반면, 겨울이 지나면 비 내리는 일이 드물다.

2011년 말 페치에 도착해 겨울을 살짝 보내고 나니, 봄철부터는 비교적 건조했다. 여기서 살아본 사람은 그것을 빨래에서 느낄 수 있다. 특별히 볕을 받지 않아도 바삭바삭할 정도로 마른다. 여름철에는 한국의 최고 기온 이상으로 올라가지만 그 건조함 때문에 선풍기 없이 견딜 만은 했다. 그래서 그 무렵 한국으로 보낸 메일에는 '건조해서 좋다'라는 말이 빠지지 않았다.

정확히 우기-건기로 나눌 수 있는지는 모르겠으나 이러한 자연현상은 물을 절대적으로 필요로 하는 곡물 재배의 양상을 다르게 만든다. 건기인 한여름에는 들녘에서 자라는 곡물을 볼 수가 없다. 메첵^{Mecsek} 산의 나무들은 그런대로 가뭄을 견디고 있지만, 바닥의 잡풀들은 거의 말라 죽을 지경이다. 이 건조함은 관절이 좋지 않은 노인들에게는 매우 유리한 조건이 될 것이라는 생각이 들었다. 여름철의 들판은 모든 추수가 이미 끝나버려서 굳이 비를 애타게 기다릴 필요가 없었다.

나는 다만 메첵에 살고 있는 사슴들이 새벽에 눈 비비고 일어나 세수하러 가는, 아니 물만 먹고 갈 수 있는 샘이 다 마르지 않을까 걱정되었다. 반면, 겨울철에는 도시에서 여전히 푸릇푸릇한 잔디가 자라는 모습도 볼 수 있고, 들녘에서는 밀과 보리 따위가 봄철의 도약을 위해 준비하고 있는 것을 확인할 수 있다. 한국 농촌에서는 여름철에 태풍을 대비해서 논물 가두기에 신경을 쓰고, 과일이 떨어질까 봐 전전긍긍하고 있는데, 헝가리 농촌의 한여름은 농한기에 속했다.

여름철에는 바람도 가끔 불었다. 그 바람은 거의 돌풍 수준이었다. 동북아시아에 부는 여름철 온대성 고기압의 이동을 '태풍^{typhoon}'이라 하는데 이쪽 헝가리 동북쪽의 고원^{1천m 수준}에서 지중해의 아드리아 해까지 부는 바람을 '보러^{Bora}'라고 부른다(이 말은 한국 국어사전에 '보라'라는 표제어로 나온다). 별도의 이름이 있을 정도이니 결코 간단지는 않은 바람이다. 뿌리가 약한 큰 나무가 넘어가고, 힘이 달리는 가지는 부러지고 만다.

다시 겨울이 되니 눈이 내린다. 페치에는 첫눈이다. 몇 주 전에는 부다페스트에도 눈이 왔고, 페치 뒷산인 메첵의 뒤 산록에도 눈이 쌓였다는 소식이 있었지만 페치에는 이번 겨울에 처음이다.

간밤에 진눈깨비가 불어치더니 밤사이 주황색 지붕에 오보록이 하얀 눈이 쌓였다. 아침에 햇살이 비추니 조금씩 녹기 시작한다. 이 글을 쓰고 있는데, 우리 지붕에서 굉음이 들린다. 지붕의 급한 경사를 타고 눈얼음이 녹아 흘러내리는 소리다.

바로 이 겨울이 우기다. 화장실에 걸어놓은 타월에서 야릇한 냄새가 난 지 벌써 오래다. 이틀이 멀다고 삶아대지 않으면 그렇게 된다. 습하기 때문이다. 게다가 해가 잘 드는 날이 많지 않으니 헝가리의 늦가을로부터 지금까지는 매우 쓸쓸한 기분이다. 대신 길거리와 메첵 산의 잔풀들은 파릇파릇 생기가 돌아왔다. 유럽에서는 이 늦은 계절에 나뭇잎은 낙엽이 되어 거리를 뒹구는데 잔디만큼은 왜 하얀 눈 속에서도 푸른빛을 자랑하는지 이제야 이해가 된다.

과연 헝가리 기후의 문체는 무엇일까? 그 스타일은 무엇일까? 하나님이 헝가리 땅에 쓰시는 '기후'라는 글의 문체는 한동안은 건조체였는데, 지금은 그 문체를 바꾸신 것 같다. 문학에서는 건조체의 반대가 화려체인데, 기후에서는 '습윤체'라고나 할까? 겨울에 이렇게 내리는 비나 눈이 바로, 구약성경에 나오는 '늦은 비'에 해당한다. 이 눈비가 없으면, 그리고 이 쓸쓸함이 없으면 메첵 산의 사슴들은 그 목마름을 해결할 수가 없을 것이다. 그리고 이 들녘에 새로 파종한 밀이며, 보리가 내년 봄까지 생명을 이어가지 못할 것이다. 비록 습하고 추워도 이 땅에는 매우 고마운 문체다.

나무는 말랐는데 잔디는 푸르다.

헝가리여, 너의 터전에 나를 맡기노라

●여덟 번째 이야기●

페치는 메첵의
자식이다

●

헝가리 북부는 산악 지역이다. 제일 높은 산이 1,100m 정도라 한다. 서부 지역에는 약간의 산지와 구릉이 있으며, 헝가리 내륙의 바다라 불리는 벌러톤Balaton 호수가 있다. 중부와 동남부는 헝가리 대평원 지역이다. 페치는 서부로부터 시작한 구릉 중에 비교적 높은 메첵Mecsek 산을 배경으로 한다. 우리나라에서는 한 마을이 터를 잡는 데 있어 흔히 '배산임수背山臨水'라 하여 산을 등지고 가까이에 물이 있는 형국을 가장 이상적인 곳으로 친다. 아마도 우리의 수도 서울이야말로 배산임수의 전형이 아닌가 한다. 북쪽으로 삼각산, 도봉산 등 여러 산이 겹겹이 둘러치고 있고, 앞쪽으로는 겨레의 젖줄인 한강이 도도하게 흘러가고 있으니 말이다.

페치는 한 70%쯤은 배산임수 형국과 닮았다. 20~30km 떨어진 곳에 두너 강과 드라바Dráva 강이 흘러가고 있고, 아니 가까이는 남서쪽 펠레르드Pellérd 근처에 큰 인공호수가 있다고는 해도 사실 임수에서는 점수를 따기 힘들고, 배산에 대해서는 만점에 가깝기 때문이다. 그 배산이 바로 메첵 산이다.

헝가리 북동쪽에는 큰 산맥이 있고, 그 산맥은 루마니아까지 흘러가서 트란실바니아Transylvania 지경을 이루고 있는데, 메첵 산도 저 벌러톤 호수와 억지로 이으면 연결될 수 있는 그런 산맥에서 하나의 클라이맥스를 이루고 있는 것이다. 페치는 메첵에 기대고 있다. 아니 그 자식이라고 하는 것이 좋겠다.

메첵이란 이름으로 불리는 산들은 페치 북쪽에 넓게 펼쳐 있다. 동쪽은 동메첵keleti Mecsek, 서쪽은 서메첵nyugati Mecsek, 이런 식으로 이름이 붙어 있다. 가장 높은 봉우리는 동메첵에 있는데, 대략 해발 600m쯤 된다. 페치 뒷산은 그보다는 좀 낮지만535m 도시 뒷산이라 사람들이 많이 찾는 편이다. 페치 시내가 약 해발 130m 정도이니 메첵 등산은 400m쯤을 올라가는 셈이다.

평소에 중턱에 있는 캠핑장 주차장에 차를 두고, 거기서부터 TV 타워Torony까지 올라가거나 왼쪽으로 죽 걸어가는 트레킹을 하곤 했다. 이 산의 등산로 아니 트레킹을 위한 소로는 매우 잘 조성되어 있다. 글자로 된 안내문이 아니라 각종 사인이 나무에 표시되어 있어서 그걸 잘 보고 다니면 혼자서도 다닐 수 있다. 서점에 가면 트레킹 소로가 표시되어 있는 메첵 지도만 따로 팔기도 한다. 나는 아예 안드로이드 앱 마켓인 플레이 스토어Play Store에서 헝가리 지도[13]를 구하여 휴대전화에 설치해두었다.

13 'HuMap-EU Offline Maps'라는 이름의 이 지도는 오프라인으로 쓸 수 있으며, GPS와 연동하여 현재 위치도 잘 알려준다. 무엇보다 일반 도로는 물론이고 등산로까지 상세히 나오기 때문에 헝가리에서 지내는 사람이라면 하나씩 받을 만하다.

보름달 걷기 행사에서 완주증을 받다

10월 말에는, 가을이 아주 깊어갈 무렵에 이쪽 동호인들이 주최한 '보름달 걷기 행사'에 참여해 보았다. 나에게 한국말을 배우던 코넬리아[14]의 아빠가 제안해 왔는

14 코넬리아의 이름은 Ju-hász Kornélia다. 정확한 한글 표기는 코르넬리아이지만 우리가 평소에 부르던 식으로 '코넬리아'라고 칭한다.

데, 뭐가 뭔지 잘 모르는 채 장비를 챙겨서 약속 장소로 나갔다. 집합 장소인 여행자센터에는 아이들에서 어른들까지 40여 명쯤 모였다. 특별한 안내자 없이 나누어 준 루트 표를 따라서 걷고, 중간중간에 있는 체크 포인트에서 담당자의 확인을 받도록 되어 있었다. 코넬리아 아빠는 벌써 여러 차례 이 행사에 참여했다고 하는데, 아니나 다를까 한밤의 어두운 길도 척척 앞장서 나갔다.

저녁 7시 반에 시작된 행사는 밤 11시가 넘어서야 끝났다. 4시간 동안 걸은 거리는 12km에 가까웠다. 이 행사에서 한쪽 끝은 테티에Tettye 공원 남단에 있는 아담한 성당이었다. 거기서 확인 도장을 받고, 되뫼르커푸Dömörkapu로 해서 TV 타워에 올랐다. 되뫼르커푸에는 뜻밖에 스키장이 있었다. TV 타워 있는 곳이 가장 높은 곳이니 이제는 끝나나 보다 했는데 아니었다. 거기서부터 다시 서쪽으로 이동하여 페치를 굽어볼 수 있는 최고 전망대에 가서 야경을 구경하였고, 마지막 반환점인 키시 투베시Kis-Tubes까지 갔다. 그곳에서 최종 확인을 하고, 나누어 주는 초콜릿 스틱으로 열량을 보충하였다. 거기에 첨성대 같은 전망대가 있어서 올라가 서쪽에서 불어오는 찬바람을 맞아 보았다. 원래 계획은 거기서 다시 출발 지점인 여행자센터로 돌아가는 것이지만, 코넬리아 아빠의 제안을 따라 헝가리의 첫 도래자인 일곱 부족장을 기리는 천 년 기념물millennium monument 있는 곳까지 가 보았다. 출발 지점으로 돌아오니, 따뜻한 차와 함께 완주 증명서emléklap를 준다. 헝가리에 와서 뭔가를 성취했다는 뿌듯함이 생겼다.

11월 중에는 동매책Kelet-Mecsek에 가 보았다. 역시 코넬리아 가족과 함께했다. 6번 일반 도로로 페치바러드Pécsvárad를 지나 오바녀Óbánya 라는 곳으로 가서 마을 입구에 주차를 했다. 오바녀는 오래전에 독일인들이 유리 공장을 하던 곳으로, 지금 그 산업은 사라졌지만 그들이 남긴 아름다운 집들과 소박한 생활을 엿볼 수 있는 곳이었다. 페치 뒷산과는 달리 그곳에는 개울이 있었다. 북쪽에서 다가오는 비구름, 눈구름이 메첵에 부딪혀 산록 북쪽에다 물과 눈을 뿌리고 가는 일이 많다고 하더니 역시 비교적 습한 곳에서 각종 식물이 예쁘게 잘 자라고 있었다.

 몇 시간 동안을 걸으면서 마을 뒤 무덤에도 가보고, 건초 더미에도 올

동메첵에서 건초 더미에 올라가 있는 에리카, 코넬리아, 현진(오른쪽부터)

라가 보기도 했다. 특히 다른 나라에서 '성 마틴Saint Martin'이라고 부르는 성 마르톤Szent Márton의 업적을 기리는 루트의 일부로서 이곳 성당Szent Márton Templom에서 결혼식을 하려는 젊은이들이 많다고 한다.

그 후에 메첵 산에서 가보지 못했던 서쪽 메첵을 탐방했다. 이번에는 우리 내외가 지도에 의지해서 찾아갔다. 6번 도로를 서쪽으로 달리다가 체르쿠트Cserkút 마을로 들어가서 주차를 하고 야곱봉Jakab hegy을 목표로 걸었다. 하지만 한참 후에야 다른 쪽으로 잘못 갔다는 것을 깨닫고, 되짚어 오다가 시간 관계로 그냥 하산을 했다.

이날은 정말 그 산에 아무도 없었다. 우리 내외가 완전히 전세를 낸 것 같았다. 분당에 있는 불곡산 정도의 난이도였지만 한국 도시 주변의 등산로가 반질반질한 데 비해, 여기는 등산로가 낙엽으로 덮여서 안내 표지를 잘 보고 따라가야 했다. 화산재로 이루어진 산이라 흙이 온통 연한 자줏빛이었다.

어느 곳을 가나 메첵의 마을들은 참으로 예쁘다. 우기라서 그런지 나무 잎사귀들은 단풍으로 떨어지고 있었지만 그 바닥의 풀들이 푸릇푸릇해서 사진이 근사했다. 등산로 입구에 있는 여행자센터도 참 정겨웠다. 한국에 돌아가더라도 온통 이 메첵과 함께 더불어 가고 싶은 생각이 든다.

▲ 숲 속의 여행자 숙소. 싸구려 집이라는 표지판이 붙어 있다.
◀ 서메첵 여행자센터

의대생들은 메첵 트레킹의 꿈만 꾼다

교회에서 메첵 경험을 이야기하니 학생들이 솔깃한 모양이었다. 몇몇 학생이 "교수님, 저희도 한번 데리고 가세요!"라고 요청하기에 이렇게 저렇게 계획을 짜고 학생회 웹사이트에 공지를 했다. 열심히 준비한 계획이었지만 막상 당일에 아무도 나오지 않았다. 우리 아이들이 미리 "아빠, 기대하지 마세요"라고 힌트를 주지 않았다면 크게 실망할 뻔했다. 공부와 시험의 중압감이 그들을 가로막았던 것이다.

메첵 트레킹 안내합니다

학생 여러분, 공부하느라 고생이 많지요?
가을도 늦어 가는데 메첵의 단풍이 우리를 부르고 있습니다.
잠시 시간을 내어 신선한 공기도 마시고 몸에 쌓였던 피로도 날려버리기 바랍니다.
메첵 트레킹을 다음과 같이 하려고 합니다.

- 일시: 2012년 11월 24일(토) 오전 07:30~09:30
- 장소: 메첵 산(Mt. Mecsek)   ● 안내: 김병선 교수
- 승차 장소: Korhaz Ter 07:09
  (기차역에서 07:35에 출발하는 35번 버스(Misinatető 방면)를 타십시오.)
- 하차 장소: Allatkert(동물원)에서 하차하여 거기 주차장에서 만납니다.
- 참가 신청: 댓글 환영   ● 참가 문의: 댓글, 김병선 교수(+36-70-277-9744)

특기사항

1. 참가비도 없고, 참가 자격도 없습니다. 교회 학생 외에도 참가 가능합니다. 아무나 오게…….
2. 가벼운 운동화만 신으면 됩니다.
3. 아침 일찍 출발하니 시내보다 약간 기온이 낮을 것입니다. 옷차림에 유의하세요.
4. 물병 하나쯤 지참하시고, 달콤한 캔디나 초콜릿 정도만 준비하세요.
5. 페치 시내를 굽어볼 수 있는 최고의 전망대를 방문합니다. 카메라 필수.
6. 트레킹 도중 사슴을 만날 수도 있으나, 사람에게 해를 끼치지 않으니 별도의 호신 기구를 준비할 필요가 없습니다.
7. 옵션으로 TV Torony 엘리베이터를 타셔도 됩니다(개인 비용으로 갈 수 있습니다).
8. 비바람이 심하지 않으면 진행합니다. 취소할 경우에는 이곳에 공지하겠습니다.
9. 시내에서 걸어서 올 경우에는 시간 맞추어 동물원으로 찾아오십시오.
10. 참가자들과 협의하여 당일 현장에서 트레킹 코스를 추가할 수도 있습니다.

참고 링크

- 페치 시내버스: http://pkzrt.hu/menetrend/pecs/35
- 동물원: http://pecszoo.hu/ 주소는 7621 Pécs, Munkácsy Mihály utca 31

형가리여, 너의 터전에 나를 맡기노라

●아홉 번째 이야기●

반딧불이는
어디로 갔을까

●

청정지역인 블랙스버그의 기억

10여 년 전 미국 버지니아에서 살 때의 일이다. 초여름 해 질 녘이면 길가의 풀밭에서 아주 작은 불덩이가 집단적으로 훌쩍훌쩍 뛰어오르는 것을 볼 수 있었다. 반딧불이였다. 반딧불이를 실제로 목격한 것은 평생 처음 일이었고, 그것도 아주 넓은 지역에서 무시로 발광하는 것은 놀라울 정도였다. 우리나라에도 존재하는 곤충이지만 아주 일부 지역에서 겨우 겨우 부지하는 정도라고 알고 있는데, 애팔래치아 Appalachia 산맥에 자리 잡은 대학도시 블랙스버그 Blacksburg에서는 너무나도 흔한 곤충이었다.

나는 그곳 버지니아텍 VirginiaTech 대학의 객원연구원 신분이었다. 7월 4일 미국 독립기념일에 저 멀리에서는 불꽃놀이가 휘황찬란했고, 가까이 있는 풀밭에서는 반딧불이의 군무가 벌어져서 절묘한 조화를 이루었던 기억이 있다. 반딧불이를 흔히 환경지표곤충이라고 하는데 블랙스버그는 그만큼 청정지역이었던 것이다. 그 대학의 골프장에는 양잔디가 깔려 있

110

어서, 페어웨이에서 어프로치 샷을 깊이 찍어서 시도하면 잔디가 훅 하고 파여 나갔다. 그런데 그 디보트divot의 잔디 뿌리 부근에 하얀 굼벵이들이 우글거리는 것을 자주 볼 수 있었다. 한국에서는 골프장이 환경오염의 주범이라고 인식되어서 기피 시설로 취급받는 것과는 딴판이었다. 버지니아의 골프장들은 철저하게 친환경적인 공간이었던 것이다.

헝가리도 청정지역인데……

불행히도 헝가리에서는 그러한 반딧불이나 굼벵이들을 볼 수 없었다. 사람들이 잘 다니지 않는 우리나라 산길에서는 거미줄 때문에 전진하는 데 애를 먹곤 한다. 그러나 이곳에서는 오래된 헛간에도 거미줄 보기가 어려웠다. 도시나 농촌의 단독주택들은 대부분 조그마한 포도나무 밭이 있지만, 거기에서도 벌레는 보이지 않았다. 어렸을 때 마당이 포도나무로 덮여 있는 집에서 산 적이 있는데, 나뭇가지를 파고드는 벌레를 수없이 보았다. 포도밭 과수원지기가 조금만 게으르면 그해 포도 농사는 망치고 만다. 그러나 벌레가 없는 헝가리의 포도나무는 가용 포도주 생산을 위한 포도를 넉넉히 생산해내고 있었다.

　벌레가 없다는 것을 더 확실하게 알려주는 것은 무궁화다. 한국의 무궁화나무는 진딧물이 바글바글하여 보기에 끔찍할 정도다. 그런데 헝가리의 무궁화나무에는 그러한 진딧물이 보이지 않는다. 파리나 모기도 곤충의 일종이니 결코 예외가 아니다. 헝가리 집에 방충망이 거의 보이지 않는 것은 무슨 문화적 차이라기보다는 생태계의 특성과 관련이 있다. 비교적 건조한 기후인 데다 석회석 토질이라서 물웅덩이도 생기지 않고, 이에 따라 장구벌레가 번식할 수 있는 기회도 없는 것이다. 또한 도시에서는 가축을 키우지 못하도록 법으로 금지하고 있으니 파리도 거의 생기지 않았던 것이다. 그럼에도 여름에 모기향을 피운 이유는 어쩌다 한

두 마리의 모기가 단잠을 방해하기 때문이었다. 사실 개체 수로 따진다면 그냥 모기가 없다고 해도 될 만하다. 변두리 쪽에 있는 집에서 키우는 말들이 꼬리를 연신 흔드는 것은 파리 떼가 귀찮게 하기 때문이고, 그 말의 몸통에는 기생 곤충들이 결코 없지는 않겠지만 전반적으로 곤충을 찾아보기가 쉽지는 않다. 산길을 걷노라면 어쩌다 나비도 보이고, 끈질기게 쫓아오는 하루살이도 있지만 한국에 비할 수 없이 적다. 환경에 강하다는 나방도 거의 보이지 않는다.

그럼 도대체 뭐란 말인가? 헝가리에서 이처럼 곤충이 다 사라져버렸다는 것은 환경이 형편없다는 것을 말하는 것일까? 결코 그럴 리가 없다. 내가 살던 주택의 주차장 담벼락을 무시로 기어 다니는 도마뱀은 그 지역의 환경이 청정하다는 것을 증명해 준다. 환경은 나의 느낌만으로도 깨끗하다는 것을 알 수 있다. 그런데 왜 곤충은 이 땅에서 사라져버린 것일까?

생태 연구가들이 관심을 가지고 연구할 만한 주제가 아닐까 싶다. 들은 바에 의하면 봄철에 몇 차례 소형 비행기로 방역 활동을 했다고 한다. 공중에서 약을 살포하기 때문에 먹을거리 같은 것을 미리 덮어두라는 공지가 있었다는 것이다. 그래도 그렇지, 이렇게 곤충이 완전히 사라질 수는 없다고 본다. 여름에는 매미나 쓰르라미도 울지 않았다. 하긴 그런 곤충은 오염이 심한 곳에서 오히려 왕성해지니 헝가리에서는 존재하지 않을 수도 있을 것이다. 그러면 대체 무슨 곡절이 있어서 곤충들이 사라져버린 것일까? 아니 원래 있었는지, 얼마나 있었는지를 모르기 때문에 사라졌다는 표현은 적절하지 않을 수 있다. 더 알아볼 길이 없으므로 나 나름대로 잠정적 결론을 내본다. 그것은 다음 몇 가지 이유에서 비롯한 것이라고 생각한다.

주된 이유는 지력地力, 즉 땅의 힘이 좋다는 것이다. 메첵 산의 나뭇잎들이 곤충에게 먹힌 부분이 없이 온전한 것은 나무들이 너무나도 튼튼해서 곤충들이 침범하지 못하기 때문인 것이다.

　그리고 어쩌면 봄철의 새들이 신 나게 먹어 치워서 없어진 것이 아닌가 한다. 찌르레기 같은 새들이 페치에 머무는 동안 그들의 먹이로 벌레들을 마음껏 먹고 먹이가 떨어지자, 벌레도 새들도 다 사라져버린 것이 아닐까 한다.

　하여튼 작은 생물 하나도 인간을 괴롭히지 않는 곳, 그곳이 바로 페치 아니겠는가?

도나투시 거리에서 살 때 집에 들어온
도마뱀을 찍은 것이다. 김아람 사진

3

헝가리여,
음식의
낙원이여

헝가리에서 보물찾기

헝가리여, 음식의 낙원이여

● 첫 번째 이야기 ●

음식 천국,
식재료의 낙원

●

평소 존경하던 이연길 목사님이 8월 헝가리로 오셨다. 내가 대학 다닐 시절에 대학부에서 신앙 지도를 해 주셨던 분이니, 나와는 40년쯤 되는 인연이다. 이제는 미국 댈러스 빛내리교회 목회 사역을 마치시고, 한국 장로회신학대학에서 초빙교수를 하신 후에 미국으로 귀환하신 분을 내가 초청한 것이다. 평소 한국의 치즈는 진품이 아닌 것 같다고 하시던 분인데, 헝가리에서 한 달 가까이 지내시는 동안 헝가리 음식에 완전히 반하셨다.

식재료에 반하다

사실은 내가 먼저 반했다. 각종 유제품과 육가공품이 슈퍼마켓마다 그득그득하고, 치즈만 해도 그 종류를 이루 헤아릴 수 없을 지경이다. 헝가리에는 평야지대가 많고 또 그 토질도 비옥하여 각종 곡물과 채소와 과일이 풍성하게 생산되고 있다. 이러한 자연의 축복을 받은 헝가리에서는

116

유사 이래로 굶주린 적이 없었을 것만 같다. 흔히 세계 3대 음식 천국으로 프랑스, 이탈리아, 중국을 드는데 그 네 번째 자리에는 헝가리가 올라설 수 있을 듯하다. 식재료가 풍부하고 요리법이 다양해 많은 관광객을 유인하고 있기 때문이다.

헝가리 사람들의 주식은 빵이다. 강력분에 이스트를 넣어서 부풀린 반죽을 오븐에 구워낸 것인데, 특별한 맛은 없고 담백하다. 하지만 이걸 오래 씹으면 정말 맛이 난다. 여기에 햄과 치즈를 곁들이고 야채까지 얹어 먹으면 한 끼 식사로는 영양부터 양까지 충분하다. 대부분의 슈퍼마켓에서는 주로 입구 가까이에 이 빵을 수북이 쌓아 놓는다. 가격이 한국 돈으로 개당 100원 정도밖에 안 되기 때문에 현지인들도 그냥 이걸 사 먹는다. 그에 비하면 샌드위치 식빵은 미국 스타일이라고 해서 더 비싸다. 바게트 빵도 있고 케이크도 팔지만, 케이크 종류는 한국보다 소박한 편이다.

유제품에서는 테이푈tejföl이라고 불리는 사워크림sour cream이 눈에 띄었다. 슈퍼마켓에 가면 요구르트와 대등하게, 아니 그보다 더 많이 진열되어 있다. 헝가리 음식 중에는 이 크림을 양념으로 듬뿍 친 것이 많다.

육가공품 중에는 한국 TV에도 길게 소개되었던 피크 세게드Pick Szeged 같은 살라미salami가 독특한 풍미를 자랑한다. 살라미는 이탈리아식 이름으로서, 햄을 공기 중에 말려 발효시킨 것을 말한다. 보통 돼지고기와 마늘을 넣어 햄을 만든다는데, 피크 세게드는 특별한 돼지고기를 사용하고, 거기에 파프리카 같은 헝가리 특산 야채로 맛을 낸다.

한국에서는 식품을 만드는 사람들이 원재료로 승부하기보다는 각종 첨가물로 맛을 내는 데 골몰해 있다. 워낙 원재료 자체가 비싸기 때문일 것이다. 그러나 헝가리에서는 그렇지 않은 것 같다. 음식을 가지고 소비자를 속이거나 장난을 치는 일이 없기도 하지만, 원재료의 가격이 싸고, 오히려 화학적 첨가물을 넣으면 가격이 상승할 수도 있기 때문에, 원재료 중심으로 맛을 낸다는 것이다. 그러니 방부제 같은 식품첨가물은 업

자들에게서도 환영받지 못한다. 페치에서 우리는 마켓의 마감 시간에 맞추어 가서 20%, 50% 할인 쿠폰이 붙어 있는 식품을 싼 맛에 사는 일이 많았다.

한국에서는 유통기한은 단지 숫자일 뿐이고, 실제로는 더 오래까지 버틸 수 있지만, 헝가리에선 유통기한이 지나면 어김없이 상하곤 했다. 또 냉장식품이 좋으니 굳이 냉동식품을 살 필요가 없었고, 이처럼 신선한 상태의 제품을 쉽게 구할 수 있어서 그런지 헝가리의 냉장고는 한국보다 부피가 훨씬 작았다.

정말 헝가리는 식재료의 천국이다. 품질이 좋은 데다, 값도 매우 저렴하다. 그중 가장 대표적인 것이 돼지고기다. 한국에도 수입되고 있는 헝가리산 돼지고기는 한국 고기 값의 몇 분의 일에 불과할 정도로 싸다. 그러나 육질도 좋고, 식감도 만족스럽고, 맛도 있다.

돼지고기를 활용한 요리는 수를 헤아릴 수 없을 정도로 많으나 대표적인 것은 포크커틀릿이다. 지역마다 레시피가 약간씩 다른데, 지역 특산 양념을 사용하는 것이 특징이다. 오르퓌Orfu의 식당 메뉴에는 명이나물 양념을 첨가한 커틀릿이 들어 있다. 하여튼 기름에 튀기는 돼지고기 요리가 많은데, 워낙 식용유가 많이 생산되는 지역이다 보니, 저렴하기도 하고 품질도 좋다.

쇠고기는 구야시 같은 수프를 만든 것 외에는 별로 즐기지 않는다. 물론 유통이 활발하지도 않으니 비싸기도 하다. 안심이나 등심 스테이크, 또는 티본스테이크를 먹고 싶으면 고급 레스토랑에 가야 한다. 물론 그런 레스토랑은 미국식 인테리어를 하고 있는데, 뭐든지 미국식이라면 헝가리에서는 절대 저렴하지 않다. 그 외에 칠면조 고기, 토끼 고기 등도 냉동육으로 팔린다. 헝가리가 거위 털의 주산지인 만큼, 거위 고기와 거위 간도 쉽게 구할 수 있다.

상대적으로 채소는 고기에 비해 싸다고는 할 수 없다(한국보다 저렴한 것은 사실이지만······). 잔류 농약에 대해서는 별 걱정을 하지 않았다. 유럽의 중앙에 위치한 덕분에, 남유럽과 중앙아시아의 과일들까지 다 수입된다. 슈퍼마켓에서 카트에 가득 채우고 계산을 해보면, 평균적으로 한국의 절반 또는 1/3 정도의 가격이 나온다. 헝가리 사람들이 육류를 좋아하기 때문에 채소를 재료로 하는 요리는 그리 많지 않은 것 같다. 따라서 채식주의자가 식당에 가면 메뉴를 고르는 데 불편함을 느끼게 된다.

　헝가리 음식점의 음식은 약간 짜다. 원래 유럽 지역이 소금을 귀한 양념으로 생각하는 경향이 있어서 그런지, 맛을 낸다고 음식에 많이 넣는 편이다. 요즘 한국에서는 나트륨 섭취를 줄이려고 하는데, 헝가리에서는 고혈압에 대한 대응이 적극적이지 않은 것 같다.

석회수에 적응해야 한다

헝가리의 음료수는 종류가 많다. 기본 음료수인 물은 한국 사람에게는 매우 아쉬운 부분이다. 상수도에서 나오는 물에는 석회석 성분이 포함되어 있다. 그래서 수도꼭지 주변은 하얀색 물때limescale가 자주 낀다. 이걸 그냥 먹을 수 없으니, 간단한 정수기로 걸러 보기도 했지만, 결국 음용수는 주로 가스가 포함되지 않은 광천수를 사다 마셨고, 밥과 국을 끓일 때 쓰는 물만 정수기 물로 사용하기로 했다. 석회석이 녹아 있는 물이라서 비누를 풀면 거품이 일지 않고 그냥 벗겨진다. 물을 쓰는 기구(세탁기, 커피메이커 등)는 가끔씩 식초나 전용 세정제로 그 안에 덕지덕지 자리 잡은 석회 성분을 녹여내야 한다.

　또 한 가지 아쉬운 것은 식당에서도 물 값을 꼭 내야 한다는 것이다. 세계적으로도 물 인심이 좋은 한국에서 살던 사람들은(미국 사람들도 마찬가지) 적응하기 힘든 관습이기도 하다.

　헝가리에서도 요즘에 에스프레소 기계에 대한 관심이 높아졌다. 워낙

▲ 소시지와 돼지고기 바비큐는 훌륭한 안주감이다.

▼ 축제에는 포도주가 빠지지 않는다.

진한 커피를 좋아하는 사람들이어서 그런지 헝가리에서 산 기계에서는 농도가 진한 커피만 나왔다. 한번은 오스트리아 잘츠부르크^{Salzburg} 아웃렛^{outlet}의 크럽스^{KRUPS} 매장에 갔는데, 시음용으로 뽑아준 커피에 두 배나 되는 물을 부어 희석하니 직원이 질색을 한다.

"It's not coffee!(그건 커피가 아니지요!)"

평소 연한 아메리카노를 즐기던 우리 입맛으로는 도저히 그냥 삼킬 수 없을 정도로 썼다. 그래서 물을 탄 것인데 우리 취미의 관습을 이해하지 못한 현지인의 탄성이었다. 사실 커피는 터키 지배의 유산으로 남은 것이다. 정신으로는 터키를 청산했지만 입맛으로는 그걸 버리지 못한 셈이다. 하긴 터키도 알고 보면 커피가 유럽에 전파되는 중간 경유지에 불과하니 별문제는 아니라고 본다. 다만 전혀 필터를 사용하지 않고, 가루를 주전자에 넣고 끓여서 가루째 잔에 담는, 그야말로 터키식 습관은 청산했으면 싶다. 커피 찌꺼기 때문에 마시기 불편하니까……

▲ 우니쿰
출처: www.beltramos.com

▼ 맥주

서양 메이저 업체의 청량음료도 있지만, 그 외에도 현지의 각종 음료수가 많다. 특히 주류도 종류가 다양하다. 헝가리의 특산 술로는 우니쿰과 팔린커 같은 것들이 있다. 우니쿰^{Unicum}은 23종의 허브가 들어간 갈색 술인데, 맛을 보면 강한 향이 있어서 마치 한약을 마시는 느낌도 든다. 실제로 약용으로도 많이 사용된다고 한다. 우니쿰 병에는 아예 십자가가 그려져 있다. 현지인과 교제하고 있는 어떤 한국 아가씨의 증언에 따르면, 배나 머리가 아프다거나, 기침이 나거나, 열이 날 때도 시댁 식구들이 항상

우니쿰을 추천한다고 한다. 팔린커Palinka는 복숭아 · 살구 · 배 등의 과일로 담근 술로서, 투명하고 뒷맛이 깨끗하다. 화주火酒라서 도수가 약간 높은 편이지만 진한 향이 일품이다.

　헝가리 포도주도 제법 유명하다. 사실 알고 보면 포도주는 원래 유목민과는 인연이 없는 품목이다. 헝가리 포도주도 프랑스에서 전해진 것이라고 알려져 있다. 하지만 헝가리의 토질과 기후 조건은 헝가리만의 포도주를 탄생시켰으며, 미국 캘리포니아의 포도주도 사실은 헝가리 사람들이 일구어 놓았다고 한다. 헝가리에서는 각 지역에 포도 산지들이 있고, 그 지명을 딴 포도주들이 생산된다. 그중 백포도주인 토커이Tokaji가 가장 유명하다. 인근 국가의 유명인들 중 토커이에 매료된 이들이 찬양을

빌라니Villány 포도주 저장실

하는 바람에 더 유명해졌다고 한다. 프란츠 슈베르트는 이 포도주 찬양가를 썼고, 괴테의 『파우스트』에는 이 와인을 마시는 장면이 나온다. 아니 그보다도 토커이는 헝가리 국가國歌에 등장한다. 그만큼 헝가리인의 토커이 와인에 대한 긍지는 높다.

페치 인근의 빌라니Villány에서도 맛좋은 포도주가 생산되고 있다. 포도주 맛을 내기 위한 여러 방법이 있겠지만, 포도주 발효통 하나를 채우기 위해 몇 바구니의 포도를 사용했는가를 따지기도 한다. 헝가리 포도주 병에는 그 숫자가 적혀 있다. 워낙 포도주를 좋아하다 보니, 웬만한 텃밭을 갖춘 집들은 포도를 기르고 있고 또 스스로 가양주를 만들고 있다. 집에서 기르는 포도는 포도주용으로 알이 매우 작아서 과일로는 점수를 따

빌라니 와이너리winery

기 힘들다. 발효 공간으로 활용하는 지하실pince도 웬만한 집에 다 있다.

맥주의 경우에는 유럽의 유명 제품이 다 유통되지만, 의료관광도시로 이름난 쇼프론Sopron이나 내가 사는 페치에서 생산되는 맥주도 그런대로 괜찮았다. 특히 여름철에는 알코올 도수가 아주 낮거나2%, 아니면 알코올이 전혀 들어 있지 않은 음료수 형태의 맥주가 제법 팔린다. 독일 브랜드로 헝가리 쇼프론에서 생산되는 괴서Gösser가 제일 맛이 있었다. 레몬이나 자몽, 배 같은 과즙이 듬뿍 들어 있어서 맛도 있을 뿐 아니라 탄산가스에 의한 청량감도 있어 더운 여름의 갈증을 달래는 데는 최고였다.

한국 음식을 향한 몸부림

식재료의 천국이라고는 해도, 한국식 음식을 만들기에는 재료가 부족했다. 부다페스트에는 한국 마켓이 있어서 웬만한 한국 식재료를 다 구할 수 있지만 페치에는 교민이 한 사람도 없으니 한국 마켓이 생길 수가 없다. 다행히 김밥 재료나 소면 등도 팔고 있는 오리엔털 마켓이 페치에도 한 군데 있으나, 극동의 식재료보다는 중동 쪽의 식재료나 향신료들이 주류를 이루고 있다. 한국, 일본, 중국 등 동양 학생들의 수가 늘어나니, 대형 슈퍼마켓에서는 이들을 위해 양념류 판매대를 새로 구성하기도 했다. 기코망 같은 일본 간장도 있고, 동남아시아에서 생산된 간장soy sauce이나 굴 소스oyster sauce, 피시 소스fish sauce 등도 있다.

무엇보다 외국에서 생각나는 한국 음식의 대표선수는 김치다. 김치를 담그려면, 주재료인 배추와 양념에 쓸 야채가 있어야 하며, 결정적으로 맛을 내 주는 고춧가루와 젓갈, 그리고 굵은 천일염이 있어야 한다. 배추는 중국 배추라는 이름으로 현지 슈퍼마켓에서 판다. 고춧가루는 매운 파프리카 가루로 대신할 수 있지 않을까 했지만 한국에서 공수해온 것을 사용하기로 한다. 새우젓도 마찬가지인데, 부다페스트 한국 마켓에서 그런 양념을 다 팔고 있다. 그냥 일종의 액젓인 피시 소스로 대신해도 된다. 속을 채울 무며, 당근이며, 마늘이며, 양파와 파도 현지 슈퍼에서 사면 된다. 배추를 절이려면 천일염이 있어야 하는데, 한국식 굵은 소금은 없지만 바닷소금이라는 것으로 대신할 수 있다. 그러니까 핵심적인 양념만 해결하면 큰 문제는 없는 것이다.

우리 주식인 쌀은 현지 슈퍼마켓에서 주로 1kg 단위의 포장으로 살수 있다. 일반적인 쌀이 할인판매 기간에는 한국 돈으로 1천 원 정도 한다. 헝가리 사람들도 쌀을 먹는다. 다만 헝가리에서 생산된 쌀은 우리 정부미처럼 부슬부슬 해서 진기가 부족하다. 밀가루 빵에 비하면 비싸기 때문에 그렇게 많이 먹는 것 같지는 않다. 볶음밥 종류를 위한 안남미도 판매되고 있고, 이탈리아산 자포니카도 값은 비싸지만 슈퍼에서 살 수 있다. 한국 마켓에서 파는 아키바리 쌀은 압력솥을 쓰지 않더라도 기름진 맛이 난다. 물론 값은 헝가리산보다 몇 배나 비싸다.

면의 경우에는 밀가루를 사다가 집에서 직접 홍두깨로 밀어서 만들어 보기도 했지만, 우리는 아예 수동식으로 작동되는 면 뽑는 기계를 샀다. 밀가루가 좋으니 면도 맛있다. 한국에서 가져온 자장 소스로 자장면을 만들거나, 현지에서 파는 냉동 해물을 볶고 굴 소스를 넣어서 짬뽕을 만들어 보기도 했다.

가끔은 라면도 끓여 먹었다. 해외에서는 유난히 라면이 맛이 있는지라, 한국에서 여러 차례 공수를 하기도 했고, 유럽에 수출되는 한국 라면을 사기도 했다. 물론 현지에도 라면이 판매되고 있다. 일본 브랜드인데 부다페스트 근처에 생산 공장이 있다. 순한맛-중간맛-매운맛 등 세 가지 종류고, 소스도 닭고기와 쇠고기 등 둘로 나뉜다. 그런대로 먹을 만하지만, 이 역시 현지 음식 값에 비하면 비싼 편에 속한다.

이렇게 저렇게 공을 들여서 한국 음식에 대한 향수를 지우려고 노력하지만, 그게 그렇게 잘 되지는 않는다.

페치에 중국 식당은 여러 군데이고, 근래에 일본 스시집도 한 군데 생겼으나 한국 식당은 없다. 부다페스트에 가야 한국 음식을 제대로 맛볼 수 있고, 한국 식재료도 살 수 있다. 다행히 한국 식품점을 운영하는 박준영 사장이 페치 학생들을 위해 정기적으로 단체 구매 형식으로 식품을 배달해주고 있다. 한국 식당은 대여섯 군데에 있는데, 한국보다 비싸기는 하지만 재료만큼은 최고급이며 양도 넉넉하다. 그러고 보니 아리랑식당이 기억에 남는다. 주인 아주머니는 우리가 식당에 들를 때마다, 페치에서 고생하신다면서 이것저것 부식거리나 반찬을 별도로 챙겨주곤 했다. 거기서 먹는 한국 음식의 맛도 별미였지만 그 넉넉한 마음씨의 고마운 기억이 새롭다.

●두 번째 이야기●

헝가리 사전엔
외식과 회식이 없다

●

외식이 없는 가족 문화

페치의 밤 문화는 가족 문화다. 오후 여섯 시만 되면 웬만한 가게는 거의 문을 닫는다. 겨우 맥줏집 몇 곳이 문을 열고 있을 뿐이다. 이 시간에 저녁 산책을 하다 보면 대체 이들이 다 어디로 갔을까 싶은 경우가 많다. 가끔씩 동네에서 개 짖는 소리가 들리지 않는다면, 창틈으로 불빛이 스며 나오지 않는다면, '오스만제국이 또 쳐들어 왔나? 그래서 피란들 갔나?' 이런 생각이 들 것만 같다. 그러지 않고서야 거리에 사람 그림자가 이렇게나 보이지 않을 이유가 없다.

사정을 알아보니 모두 그 시간에 집에 머물며, 가족들과 함께 식사하고, 대화하고, 그리고 책을 본다는 것이다. 이 얼마나 이상적인 가정인가? 아빠는 아직 업무나 접대에 바쁘고, 아이들은 학원에서 공부에 골몰하고, 엄마는 TV 드라마로 시간을 보내는 한국과는 딴판이다. 한국의 가정들은, 아니 가장들은 헝가리적 가정생활을 공부할 필요가 있다.

그러고 보니 한국에 비해 대중식당이 많지 않았다. 낮에는 비교적 붐비는 식당들도 저녁에는 한가하다. 교외에 차를 끌고 가서 식사할 곳도 별로 없다. 오죽하면 내가 아이들에게, "여기는 주차장 있는 식당이 안 보인다"라고 했을까? 주말이면 어쩌다 대중식당에서 가족 단위로 식사하는 모습을 보는 경우가 있다. 그런데 대부분 집안 어른의 생신이거나 특별한 기념일 행사처럼 보이는 것은 그들이 여느 때와 달리 정장 차림으로 단체 모임을 하기 때문이다(하긴 한국에서도 우리 어렸을 때는 외식이라는 것이 없었다. 손님을 대접하는 음식도 모두 집에서 어머니들이 직접 차리셨다).

여기서 오래 살고 있는 교민들의 얘기를 들어보면 그들의 설명은 좀 다르다. 경제 문제 때문이란다. 웬만한 수입으로는 일반 식당의 음식 값이 부담이 된다는 것이다. 하긴 '오늘의 메뉴napi menu' 정도가 한국 돈 4,000원 내지 7,000원 정도니 결코 만만치 않겠다는 생각이 들었다. 게다가 거의 의무적으로 마실 것을 주문해야 하고 곳에 따라서는 10% 남짓의 팁까지 챙겨주려면 가족 전체의 음식 값을 지불해야 하는 가장의 손이 떨리지 않을 수 없을 것이다. 그보다는 굳이 식당에 가지 않더라도 좋고 풍부한 식재료를 가지고 조금만 신경을 써서 요리하면 가족들이 편안하게 먹을 수 있는데 굳이 비싼 식당에 갈 필요가 없지 않을까 싶다.

한국에서의 관점은 이와는 다르다. 소위 '회식'이라는 것의 의미를 소중하게 생각하기 때문이다. 한국의 회식은 '외식'이라는 뜻을 내포하고 있다. 식당을 정해 한자리에 둘러앉아 함께 식사를 하고 더 나아가 술잔이라도 기울이게 된다면 그 구성원들의 연대감을 높일 수 있다는 생각에 한국에서는 거의 모든 집단과 단위에서 회식을 한다. 그런 자리를 위해 친절하게 예산까지 편성해 놓는다. 순전히 개인 돈으로 회식하자고 하면 그 참석자는 절반으로 줄어들 것이 뻔하다.

그러나 '과식'은 있다

헝가리어 사전에는 외식과 회식이 없다. 그러나 '과식過食'은 있다. 사실 헝가리에도 회식이 없는 것은 아니다. 외식으로 하는 회식이 없을 뿐, 집안 모임에서는 정말 진탕 먹는다고 한다. 실제로 식당에서 기본적으로 주는 음식의 양도 너무 많았다. 현지인의 가정을 방문했을 때도 "많이 먹어라"라는 말을 수없이 들었다. 꼭 우리 어머니들이나 할머니들처럼, 요리를 코앞에 들이대는 경우도 있었다. 그 푸짐하고도 융숭한 대접을 다이어트한다고 거절한다면, 더 이상의 친교는 포기해야 한다는 충고도 들었다.

나는 미국의 비만 문제는 저렴한 뷔페식당을 없애야만 이루어질 수 있다고 평소 주장해 왔다. 헝가리 사람들도 비만의 문제를 비켜 가지 못했다. 식재료와 음식의 축복을 그들은 마음껏 누리고 있다. 미국만큼 심각하지는 않지만 헝가리에서도 비만으로 인한 성인병들이 현실 문제가 되고 있다고 한다. 하여튼 내 경우에는 한국의 사회적 관계를 떠난 덕으로 '삼식이(하루 세 끼를 집에서만 해결하는 사람을 조롱조로 이르는 말)'가 되어서 한국에서 하던 회식과 외식의 버릇을 떨쳐버릴 수 있었다.

그렇게 생활하며 두 달쯤 지났을 때, 그냥 무심코 저울에 올라간 적이 있다. 저울눈을 보는 순간 나는 내 눈을 의심하지 않을 수 없었다. 세상에! 내 몸에서 8kg의 소중한 한국산 지방이 어디론가 떠나버린 것이다. 하긴 거울에 비친 내 얼굴이 무언가 야위고 있다는 느낌도 없지 않았고, 허리띠는 이미 한 구멍을 줄인 터였다. 한국에서는 거의 불가능했을 일이다. 이 이야기를 들은 식구들은 시기 반, 걱정 반으로 염려한다.

'혹시 몸에 무슨 안 좋은 병이라도……'

두어 달 만에 특별한 요법이나 처방 없이 그렇게 살이 빠질 수가 없다는 것이다. 인생의 후반기를 살아가는 사람으로서 결코 흘려들을 수만은 없었다. 대체 왜 이렇게 살이 빠졌단 말인가? 나는 내 생활 패턴과 식사 습관, 그리고 평소의 열량 섭취 등의 상관관계에 대한 연구에 착수했다. "나는 무척 건강하며, 내 체중 감소의 이유는 바로 이것이다" 그러고는 자랑스럽게 "체중으로 고통받는 형제여, 나를 따르라"라고 말하고 싶었던 것이다.

한국 사람 열이면 여덟 명이 관심을 가지는 문제에 대해 나는 해답을 찾았다. 회식! 바로 그것이다. 한국에 있는 동안 회식이 없는 주가 없었다. 그리고 나 자신이 그 회식 모임의 주관자이기도 했다.

회식은 외식이다. 워낙 보릿고개 얘기를 들으며 자랐던 몸이라 음식 남기는 것을 죄악으로 생각하기에 나오는 음식을 깨끗이 비우는 것을 미덕으로 알고 있다. 덕분에 살이 찌지 않을 수 없었다. 한국 식당에서는 이것저것 재료를 잔뜩 넣어서 비벼 먹는 비빔밥의 상차림에도 온갖 반찬을 식탁 가득 늘어놓으니, 자연 배부르지 않을 도리가 없다. 그 회식이며 외식이 거의 저녁에 이루어지니, 섭취한 에너지는 소비될 겨를 없이 그냥 몸에 축적되고 마는 것이다.

아내와 아이들은 나의 변명에 수긍했다. 나는 어느 틈에 혈압약을 멀리 치워버리고 말았다. 본태성이 아니기에, 체중 감소로 인해 혈관의 압력이 줄어든 것이다. 처음에 왔을 때는 한국과 이곳의 피자 값을 비교하면서 이렇게 싸고 맛있다면 날마다 시켜 먹어도 되겠다고 호기를 부리던 나였지만, 한 번 체중이 주니 그 뒤로는 줄어든 체중 유지에 더 신경을 써야 했다. 한 번 왈칵 체중이 줄어든 이후에는 그냥 그 체중을 유지하고 있는 것으로 보아서 체중 감소의 다른 이유는 없다고 스스로 확신했다. 잃어버린 한국산

오스트리아 바카우Wachau 가는 길의 김병선. 확실히 슬림하다. 최정훈 사진

지방에 대한 미련을 그만 떨쳐버리고, 헝가리산 근육으로 관심을 옮기기로 했다. 그리고 무엇보다도 가족 문화와 가정 식사의 중요함을 깨닫게 해준 이곳 생활에 대해 매우 감사한 마음을 가지기로 했다.

다뉴브 생선매운탕을 맛보다

모하치의 문장

헝가리의 음식문화에 우리나라의 그
것과 비슷한 점이 많아 매우 흥
미로웠다. 그중 하나가 바
로 생선매운탕이 있다
는 점이다. 헝가리 말로
는 헐라슬레halászlé라고 하
는 생선 수프chowder가 바로
우리 생선매운탕과 대동소
이하다. 한국과 마찬가지로
헝가리에서도 강을 끼고 있는
곳에서 생선탕들이 발전해 왔다.
특히 티서Tisza 강을 끼고 있는 세게드Szeged
에서는 봄철에 이 생선매운탕 축제가 열린다고 한다. 헝가리 평원 남북
으로 길게 뻗어 있는 두너 강에서는 곳곳에서 생선매운탕 전문점을 볼

두너 강변의 매운탕집

수 있다. 센텐드레Szentendre[15] 근처에서도, 퍽시Paks 근처에서도 한 번씩 먹어
본 경험이 있고, 버여Baja도 유명하다는데, 내가 자주 간
곳은 페치와 가장 가까운 모하치Mohács였다.

거기 도선장 바로 옆에 있는 음식점에서 여러 차례
먹어보았고, 한국 손님이 오시면 그쪽으로 안내하곤
했다. 매운탕에 대한 그들의 반응은 한결같이 '똑같다',
'맛있다', '신기하다'였다. 사실 한국 맛과 아주 똑같지
는 않지만 빨간색 국물에 생선 필레fillet가 풍성하게 들

15 센텐드레는 부다페스트
위쪽에 있는 작은 마을로 세
르비아 정교회의 박물관이
있고, 젊은 예술가들이 모여
사는 아름다운 곳이다. 센텐
드레라는 이름은 '성 안드레
(Saint Andrew)'라는 뜻이
다. 퍽시는 부다페스트와 페
치의 중간쯤에 위치한 도시
로 원자력발전소가 위치해
있는 곳이다. 두 도시 모두
두너 강을 끼고 있다.

어 있는 것을 보면 충분히 한국의 매운탕을 떠올리게 된다. 고기 맛도 좋고 둥실둥실 떠 있는 기름도 참 고소하다.

백문이 불여일견, 한번 해보아야 하겠다는 생각에 코넬리아 아빠가 전해준 레시피에 따라 두어 번 끓여 봤다. 집에서 사용하는 레인지가 전기로 하는 것이라서 화력은 신통치 않았지만, 레시피대로 해 보니 음식점 못지않은 맛이 났다. 아이들도 만족해했다. 처음에는 바닷물고기를 샀는데, 파프리카 가루를 넣지 않고 그냥 '맑은국^{지리}'으로 먹어도 시원하고 고소했다.

두 번째는 잉어^{fehér busa}를 사다가 맑은국으로 해보니, 약간 비린 느낌이 났다. 거기에 파프리카 가루 양념을 듬뿍 쳐서 매운탕으로 변신을 시켰다. 파프리카 가루는 맵기도 하지만, 달콤한 맛도 있어서 조미료로는 꽤 쓸 만하다. 고춧가루가 따로 필요 없을 정도다. 이렇게 만든 매운탕이 그럴듯했다. 물고기도 매우 큼직하고 깨끗해서 먹기도 좋고 맛도 났다. 한국처럼 머리 고기까지 넣어 푹 고면 국물의 감칠맛이 더 나겠지만 '대가리' 고기를 사려면 물고기를 통째로 사야 하고 손질까지 해야 하니 그냥 필레를 사는 정도로 만족했다.

아, 레시피…… 여기 레시피에서는 재료로 생선 필레, 양파, 파프리카 가루, 토마토만 알려주는데, 나는 한국식으로 먼저 ^{시원한 국물을 위하여} 무, 양파, 파를 넣어 육수를 우려내고, 맑은국에는 그냥 필레를 넣고 소금 간만 했다. 매운탕은 거기에 파프리카 가루와 토마토를 넣으면 된다. 콩나물이 있으면 더 좋겠지만 헝가리 슈퍼마켓에는 숙주나물밖에 없었다. 그런데 굳이 콩나물을 안 넣어도 국물이 시원하다. 생선을 넣은 다음에는 20~25분 정도, 넉넉히 30분은 끓여야 한다. 그러면 누구라도 괜찮은 요리사가 된다. 영 자신이 없으면 헐라슬레 양념을 따로 파니까 그걸 써도 된다. 테스코^{Tesco} 생선 코너 바로 옆에 네모난^{kocka} 양념이 있었다. 물론 테스코에서는 생선 필레도 판다. 수족관에서 펄쩍펄쩍 뛰는 놈들을 금방 잡아서 손질해놓은 것이라 위생에 대한 부담은 안 가져도 된다. 메트로에서는 1kg에 1천 포린트 정도인데, 4인 가족이면 1.2kg으로 두 끼는 먹을 수 있다.

그런데 정작 중요한 것이 있다. 바로 이 생선탕을 끓이는 도구이다. 보그라치 bogrács라고 불리는 솥단지 말이다. 코넬리아 아빠가 끓이는 것을 보니, 사진처럼 장작불을 피우고 그 위에 이 솥단지를 걸어놓고서 생선탕을 끓이는 것이다. 이게 제격이다. 우리 집의 전기 레인지는 영 마땅치 않았다.

코넬리아 집에서 맛본 헐라슬레

이 솥단지는 야영생활과 밀접한 관련이 있다. 유목 생활에서 이동하면서 사용하던 솥단지인 것이다. 헝가리 평원에 자리 잡기 이전부터 마자르 민족이 애용하던 도구였을 것이다. 사실 헝가리의 대표적인 수프인 '구야시'도 본래는 '목동牧童'이란 말을 어원으로 하고 있다니, 이러한 레베시leves, 헝가리식 국 요리는 모닥불 솥단지가 제격이 아닐까 싶었다. 특별히 보그라치로 조리한 구야시에 대해서 가격을 올려 받는 식당도 있다. 그만큼 보그라치를 특별하게 생각하는 것 같다.

다양한 식재료와 깨끗하고 신선한 음식들, 저렴한 가격까지……. 그리고 도구에도 어려 있는 전통의 흔적들. 이 모든 것이 바로 내가 헝가리를 좋아하는 이유다.

헝가리여, 음식의 낙원이여

●네 번째 이야기●

단군신화에
등장하는 명이나물

●

어느 봄날에 부다페스트에서 주일예배를 인도하러 페치에 오신 문창석 목사님과 사모님에게서 뜻밖의 소식을 들었다. 헝가리에서 명이나물이 난다는 것이다. 사실 한국에서도 그리 보편화된 나물은 아닌데 이곳 헝가리에서 그 이름을 들으니 무척 신기로웠다. 평소 직장 근처의 한식집에서 밥반찬으로 몇 가닥씩 내놓는 것을 매우 맛있게 먹었던 기억이 있기에 헝가리의 명이나물 얘기를 그저 흘려들을 수 없었다. 봄철에 한때 명이나물이 나는데, 그것도 바로 페치 뒷산에서 나며, 그때가 되면 부다페스트 교인들이 채취하러 오겠다는 것이다. 뭐 망설일 필요가 없다.

"우리도 끼워주세요!"

사실은 그전 해부터 헝가리 명이나물이 한국으로 수출되고 있다고 한다. 그 일을 부다페스트 한인교회의 박 집사님이 맡고 있는데 지난해에는 벌러톤 호수 근처 산에서 채취했고, 금년에는 메첵 산에서 채취를 하도록 허가를 받았다는 것이다. 그러더니 그다음 주일에 사모님이 명이나물 장아찌며 김치를 한 팩씩 싸가지고 오셨다. 야, 이국땅에서 그 귀하다

오르퓌 호수는 매우 고즈넉하다. 호수 주변에 작은 방갈로들이 들어서 있다.

는 명이나물 맛을 볼 수 있다니, 명이나물의 그 알싸한 맛과 사모님의 마음씨가 함께 어우러져 잠시나마 고향의 정취를 느낄 수 있었다.

명이나물은 한국에서는 '산마늘'이라고도 불리는 것으로 울릉도 특산물이며, 육지에서는 그 줄기와 잎을 장아찌로 만들어서 먹고 있다. 마늘의 아린 맛이 약간 있으면서도 식초와 간장과 설탕 맛이 섞여서 밥반찬으로는 최고다. 울릉도에서 제한적으로 채취되다 보니, 양이 많지 않아 가격도 비싸다. 그래서 일부 한정식 집에서만 나오는 귀한 나물로 대접받고 있다.

그런 명이나물이 이곳에서도 난다니 적이 흥분되지 않을 수가 없었다. 이곳의 명이나물은 어떻게 생겼고, 그 맛은 어떨까 매우 궁금했다. 월요일에 메첵 산을 넘어서 오르퓌로 산책을 가는 길에 한 번 찾아보기로 했다. 호수를 한 바퀴 돌면 6km쯤 되는데, 차량 통행이 거의 없는 쪽의 길가에 명이나물과 비슷하게 생긴 풀을 발견했다. 무언가 알싸한 마늘 냄새가 나는 것처럼 느껴지기도 했다. 한 포기를 뜯어 보니 진액이 손에 묻어났고, 한 잎 따서 코에 가까이 대 보니 그 냄새는 과연 명이나물의 향이었다. 아니 이렇게 길가에 멋없이 흩어져 있는 풀이 명이나물이란 말인가? 확실한 것은 모르니 일단 채취는 포기하고 금요일을 기다리기로 했다. 아무래도 길가에서는 먼지나 배기가스에 오염되었을 수도 있기 때문이다.

화요일, 한국어 수업 시간에 명이나물 얘기를 꺼냈다. 나는 어떻게든 헝가리와 한국의 비슷한 점을 거론하고 싶었던 것이다. 학생들이 별 반응이 없는 것 같았는데, 다음 날 수업이 끝나자 한 남학생이 종이 백을 나에게 건넨다. 명이나물이었다. 자기 어머니가 텃밭에서 조금 재배했다는 것이다. 내가 그 나물을 좋아하는 것 같아서 가져왔다고 한다. 고마웠다. 틀림없이 전날 본 것과 똑같은 명이나물이었다.

드디어 금요일이 되었다. 우리는 문 목사님의 안내를 받아 메첵의 깊숙한 골짜기로 들어갔다. 사모님이 가는 길에 차를 세워 달라고 하시더니 길가에서 달래 같은 나물도 채취하신다. 헝가리에서는 쑥이나 고사리

명이나물 군락지.
출처: static.orszagalbum.hu

는 보지 못했는데, 저 루마니아 트란실바니아Transylvania 지방에 가면 고사리도 난다고 했다. 드디어 명이나물 밭에 도착했다.

"으아!"

벌어진 입이 다물어질 수 없을 정도로 그 밭이 넓다. 아니 그냥 산 전체가 명이나물로 덮여 있다. 지난번에 본 그 풀포기가 명이나물이 맞았다. 꼭 튤립의 잎사귀가 좀 길게 늘어난 것처럼 보이면서, 포기마다 한 대롱씩 하얀색 꽃을 피우고 있었다. 그게 끝없이 넓은 밭을 이루고 있으니 감탄하지 않을 수가 없다. 자리를 따로 잡을 필요가 없이 그냥 앉은 자리에서 뜯기만 하면 되었다.

십 분쯤 채취를 하니 테스코 장바구니 하나가 그득 찬다. 그걸 가지고 뭘 해보겠다는 것보다는 그저 나물 뜯는 일이 재미있어서 허리가 아플 때까지 계속 뜯었다. 그러나 40분 이상 할 수는 없었다. 이미 엄청난 분량의 명이나물이 모였기 때문이다. '자연 보호' 이런 구호가 생각나지 않은 것은 아니지만 우리가 채취한 것은 '빙산의 일각'이란 말도 어울리지 않을 정도로 극히 일부분이었다. 여러 사람이 마구 뜯어냈어도 별 표시가 나지 않는다.

이렇게 흐뭇할 수가 있을까? 나락을 베거나 감자를 캘 때의 기쁨은 말할 수 없지만, 사실 파종하랴, 잡초 제거하랴, 병충해 방역하랴, 물 대고 빼랴 하는 것이 간단치 않으니, 자기 손으로 농사짓기가 어려운 것이다. 그런데 이곳에서는 하나님이 다 해 놓으신 것을 우리는 거두기만 하면 되었다. 수확의 기쁨만 남은 것이다. 원래는 개인 채취의 경우 1kg 이상은 불법이란다. 하지만 이번에는 박준영 집사님이 한국 수출용으로 허가 받은 구역에서 수확을 하기 때문에 문제가 안 된다고 했다. 아마도 족히 30kg은 될 만큼의 명이나물을 차 트렁크에 가득 넣고 보니 온통 마늘 냄새가 진동을 한다.

집에 돌아와서 욕조에 물을 받아 헹궈내고서, 한 잎씩 한 잎씩 차곡차곡 정리를 했다. 사실 무슨 명이나물 장사를 할 것도 아닌데 너무 많이 채취를 한 것 같았다. 그래서 몇몇 학생들에게 연락을 하고 1kg 정도씩 분양을 해주었다.

자, 이번에는 맛을 봐야 한다. 기본적으로는 장아찌를 만드는 것으로 했지만 김치도 담을 수 있고 무침도 가능하다는 말을 들어서 사모님의 레시피를 따라 이것저것 만들어 보았다. 특히 싱싱할 때는 생나물로 먹는 것도 괜찮으리라 싶어서 돼지고기 구이에 함께 먹으니 아주 잘 어울렸다. 흔히 삼겹살에 마늘이나 상추를 곁들이는데, 이 명이나물 하나면 그걸 동시에 해결할 수가 있는 것이다. 냉동 해물을 사다가 이 나물과 함께 전을 부쳐 먹으니 그 맛도 기가 막혔다. 명이나물 장아찌는 일 년 정도를 두고 먹을 수 있을 만큼 충분한 분량이 확보되었다. 하지만 생나물 맛이 그리워서 그 뒤로도 몇 차례 명이나물이 쇠어지기 전까지 메첵을 들락거렸다. 꽃이 활짝 피면 더는 먹을 수 없단다.

아마 메첵 산이 한국 어딘가에 있었다면, 명이나물을 채취하려는 사람들로 발 디딜 틈이 없을 것이라 생각되었다. 몇 년 지나지 않아 명이나물이 전멸했다는 뉴스가 나올지 모른다. 뉴질랜드의 어떤 교민은 바닷가에서 전복을 있는 대로 다 따다가 자기 집 냉동실에 쟁여 놓았는데, 결국 발각되어 불법행위에 대한 엄청난 벌금을 내고야 말았다는 말을 들은 적이 있다.

오랜 세월을 두고 이처럼 명이나물이 보존되고 있는 것은 헝가리 사람들이 이 나물을 특별히 좋아하는 것은 아니거나, 아니면 채취 제한에 대한 법 집행이 엄격하거나, 아니면 자연은 자연대로 두자는 문화 의식이 높기 때문일 수 있었다. 사실 헝가리 사람들이 이 나물을 즐기는 것은 아닌 것 같았다. 테스코에서 500g 정도로 포장하여 팔고 있는 것을 나중에 알았는데 가격도 싸지는 않았고 집는 사람도 별로 없었다. 그리고 그것을 우리처럼 나물로 생야채로 먹는 것이 아니라 즙을 내거나 분말을 만들어서 양념으로 먹는 정도였다. 메첵 뒤쪽의 오르퓌에 있는 제라늄 레스토랑이 바로 지역 특산인 명이나물을 재료로 하는 요리를 하고 있다. 그곳에서도 수프에 그 분말을 넣는 정도로만 사용한다. 그리고 명이나물 꽃이 만발할 때에 벌들이 채취한 꿀을 특산물로 파는 정도였다.

하필 '곰마늘'일까?

사실 명이나물은 유럽에서는 식용이라기보다는 약용 혹은 향신료^{herb}로 사용해 왔다. 헝가리를 비롯해서 중부 유럽의 일부 나라에서 생산되고 있는데, 대체로 '곰마늘^{bear garlic}'이란 이름으로 불리고 있다. 학명으로는 알륨 우르시눔^{Allium ursinum}이라고 부른다. 알륨은 파속 식물로서 쪽마늘과 같은 구근식물에 붙는 명칭이다. 헝가리 말로는 '메드베 허지머^{medve hagyma}'라고 한다. '메드베'가 '곰'이고, '허지머'가 '마늘'이니, 이 역시 '곰마늘' 이란 뜻이다.

왜 하필 '곰'일까? 유럽에서도 우리나라와 마찬가지로 '산마늘^{wild garlic}' 이란 말이 쓰이고는 있지만, 별칭으로 '여우마늘', '사슴마늘'처럼 다른 동물을 대지 않고, 특별히 곰을 대는 이유가 무엇일까? 여기서부터는 상상력이 필요한 부분이다.

초식동물인 곰들이 이 마늘을 매우 좋아했을 수도 있다. 아침에 자고 일어나면 내가 보았던 것처럼 명이나물 밭이 끝없이 펼쳐져 있으니, 그걸 식량으로 하는 곰은 얼마나 행복했겠는가? 그러고 보니 우리 옛이야기에도 곰이 마늘을 먹었다는 일화가 있다. 단군신화에서 나중에 웅녀라는 사람으로 변신한 곰이, 경쟁자이던 호랑이와는 달리 과제로 주어진 마늘과 쑥을 먹음으로써 한민족의 어머니가 되었다는 것 아닌가? 그 옛날에야 지금과 같이 밭에서 사람이 재배한 독한 마늘이 아니고 그냥 산과 들에서 나던 마늘과 쑥으로 테스트를 했을 것이니, 그 마늘이 바로 오늘날의 명이나물이 아니었을까?

명이나물은 철이 있다. 어린 잎이 제일 부드럽고 먹기에 좋은데, 일단 꽃이 피기 시작하면 줄기가 굳어진다. 그리고 여름에 건기에 접어들면 언제 그랬나 싶게 흔적도 보이지 않는다. 그것도 참 신기한 일이다.

아내는 해가 바뀌어 다시 명이나물 철이 되면 헝가리에 가겠다고 한다. 아들들을 위해서 마치 가을철에 김장을 하듯 봄철에 명이나물 장아찌를 담가 주겠다는 것이다. 한국 반찬을 구하기가 쉽지 않은 곳에서 명이나물 장아찌로 어느 정도 음식에 대한 그리움을 달랠 수 있기 때문이다. 그리고 그게 그렇게 건강에 좋다니, 공부에 영양을 다 뺏기고 있는 아이들에게는 보약이 될 수도 있지 않을까 싶다.

헝가리여, 음식의 낙원이여

●다섯 번째 이야기●

집 한 채
사볼까

●

페치에서 처음 접한 헝가리 어휘는 'eladó에러도'와 'kiadó키어도'라는 말이다. 앞말은 '팝니다sell' 뒷말은 '세놓습니다rent'라는 뜻이다. 이 말이 적힌 포스터가 많은 건물에 붙어 있어서 관심이 가지 않을 수 없었던 것이다. 대부분 부동산회사에서 붙인 것이지만 더러는 개인이 직접 붙인 것도 있었다.

우리 집 맞은편의 작은 집도 처음 볼 때부터 'eladó'와 전화번호가 적힌 포스터가 붙어 있었는데, 10개월이 지나 우리가 돌아올 무렵에야 겨우 팔렸다. 인터넷 사이트에서 그 집의 가격을 확인해 보니 한국 돈으로 1억 원 정도였다. 넓이는 25평 정도 되어 보였고, 약간의 마당과 차고가 따로 있었다.

헝가리 도시 지역에 있는 집의 종류는 한국처럼 단독주택, 다세대주택과 아파트 등이다. 근래에는 타운하우스 형식의 집도 지어지고 있다. 시내 중심부, 즉 페치 성곽의 안쪽에는 주로 다세대주택이 들어서 있고, 약간 벗어난 곳에 아파트와 단독주택들이 자리 잡고 있다. 단독주택에는 정원이나 텃밭이 있고, 차고나 창고도 있다. 높이 1m쯤 되는 울타리는 철망 같은 것으로 되어 있어서 마당과 정원이 다 보인다. 그냥 경계를 나타낼 뿐, 주 용도는 집 지키는 개들이 밖으로 나가지 못하게 하려는 것으로 보인다. 울타리가 거의 없다 싶으니, 집에서 키우는 화초와 나무가 마을 풍경의 일부를 이룬다.

반면, 중심부의 다세대주택은 대지의 경계 지역까지 건물을 지어놓는다. 마치 우리나라의 사랑채 같은 것이 그 경계를 따라 빙 둘러 있는 것이다. 3층 혹은 4층 건물이 주를 이루고 있으며, 바로 길과 접해 있다. 중앙에 있는 커다란 문을 열고 들어가면 그 건물 중심부에 마당이 있는 구조다. 그래서 그러한 건물은 일종의 성채 같아 보인다. 그런 건물이 어쩌면 봉건시대 영주의 영역이 아니었을까 싶기도 하다.

헝가리에 집을 한 채 사볼까 하는 생각이 없지 않아서 가끔 인터넷을 뒤져 매물을 찾곤 했다. 아이들이 오래 머물러야 하는 곳이니, 월세를 꼬박꼬박 내는 대신 은행 융자를 받아서라도 집을 사는 것이 더 경제적이지 않을까 하는 생각이 있었던 것이다. 지나다니다 매물을 발견하면 인터넷에 들어가서 구조나 조건을 살펴보기도 했다.

주택의 가격은 주택의 품질과 설비에 비례하는 것은 아니다. 잘 지은 집이 꼭 비싸다는 것은 아니란 말이다. 우리나라에서는 특히 입지 조건이 집값에 절대적인 영향력을 가지고 있다. 헝가리라고 다르지는 않았다. 우리는 교육 여건을 제일로 치곤 했는데, 헝가리의 입지에 대한 평가 기준은 이와 사뭇 다르다.

페치에서는 어떤 집이 비싼 집일까? 이곳 사람들이 제일로 치는 입지는 전망이다. 페치에서 제일 비싼 집은 메첵 산에 걸쳐 있다. 멀리서 이 산을 바라다보면 주택이 들어선 자리의 경계가 일직선으로 보이는데, 이 선상에 위치한 집들이 제일 비싸다. 부다페스트에서도 마찬가지로 평지인 페스트Pest 지역보다는 언덕과 산이 있는 부다 지역특히 2구역과 12구역이 주택

우리 집 맞은편에 매물로 나온 주택

지역으로 각광을 받고 있다. 물론 입지가 좋은 만큼 집도 잘 지은 것들이다. 사실 외곽 언덕에 집을 지으면 불편한 점이 많다. 대중교통도 잘 닿지도 않고, 지역난방의 혜택을 보지도 못할뿐더러 특히 상수도 요금을 더 내야 한단다. 높은 지역이라 펌프를 한 번 더 거쳐야 하니 수도 요금도 비쌀 수밖에 없는 것이다.

아이들이 처음에 살았던 집도 그러한 범주에 속하는 집이었다. 대지는 200평 정도 될 것 같은데, 한국식으로 말하자면 3층 집이었다. 집 주인은 2층에 살고 있고, 우리 아이들은 처음에 꼭대기 층에 살다가 몇 달 지나 1층이 비는 바람에 아래로 옮겼다. 1층이라고 해도 지대가 높아 가로막는 것이 없었다. 거실에서는 메첵 산의 TV 타워까지 전망에 들어왔다. 집도 커서 일층이 35평쯤은 되는 듯하고, 방도 다 널찍했다. 그러다 보니 여름에는 무척 시원한 반면, 겨울에는 너무 추웠다. 당연히 난방비가 마구 올라갈 수밖에 없었고, 집의 가치에 대한 부담을 세입자도 함께 져야 하는 상황이었다. 대저택이기는 하나 가격은 2억~4억 원 정도 된다고 한다. 헝가리의 경제 형편을 고려한다면 매우 비싼 집에 속했다.

그 집에 비하면 앞에서 말한 단독주택의 가격은 만만치 않았다. 우리 집 앞의 그 집은 언덕이 아닌 평지에 있는데도 말이다. 왜 비쌀까? 거기에는 두 번째 입지조건이 있기 때문이다. 즉, 대학교 인근이라는 점이다. 대학교가 가까이 있다고 해서 주인이 사는 데 좋을 것은 별로 없지만 학생들에게 세를 놓기에는 좋은 것이다. 페치에서는 집세도 학교와 가까울수록 올라간다. 대학교라고 해도 외국 학생들이 많이 다니고 있는 의과대학 쪽이 특히 그렇다. 월세 수요가 많아지니 학교 근처에 있는 단독주택들이 리모델링을 통해 월세 방들을 많이 만들었다. 더러는 아예 기숙사 형태로 신축을 한 것도 있는데, 새로 짓고 있는 집들은 모두 학생들을 겨냥한 것이었다. 외국 학생들에게 매력적으로 보일 수 있도록 '미국식 주방'도 설치하고, 더러는 에어컨까지 달아 주기도 한다. 미국식 주방이라고 해서 별것이 아니라 싱크대와 수전, 그리고 냉장고 등이 현대식으로 되어 있고, 좀 더 큰 사이즈로 되어 있는 정도다.

땅에 비해서 사람의 수가 적고, 또 평지가 많은 곳이기에 헝가리에서는 사람들이 점유하는 공간들이 다 널찍하다. 아파트라 하더라도 시내 쪽에는 주로 5층 정도의 낮은 아파트가 대부분이다. 단독주택에서는 땅을 공터나 잔디밭으로 놀리지 않고 거기에 꽃과 과실수, 그리고 채소 따위를 심는다. 옆집에는 플럼plum 나무가 두어 그루 있었는데 많이 자라나서 가지가 우리 주차장 쪽으로 넘어와 있었다. 덕분에 봄철에 그 플럼 맛을 자주 볼 수 있었다. 아마도 오성 이항복이 옆집에 살았다면 우리 집 창호를 주먹으로 찢어놓았겠지만, 다행히 옆집 할머니는 자기 집 쪽에 있는 가지에서도 플럼을 따지 않았다.

봄철에는 특히 이 공간을 가꾸는 모습을 자주 볼 수 있다. 헝가리 국화라고 하는 튤립도 색색으로 많이 심어 놓았고, 바깥 창가에는 빨간색 제라늄 화분도 가꾸어 놓는다. 그러니 이러한 터가 없는 집은 헝가리 사람들의 라이프스타일과는 맞지 않다. 터가 좀 넓으면 다들 포도나무를 기르고 있다. 이것은 그냥 따서 먹는 포도가 아니라 음료의 재료가 되는 것이라서 크기가 작다. 포도를 잘 발효시켜야 맛있는 포도주가 만들어지기 때문에, 반드시 습기가 유지되는 지하실이 있어야 한다. 코넬리아 아버지도 자기 집 근처에 매물로 나와 있던 더 넓은 집에 대해서 지하실이 없다는 이유로 평가절하했다. 우리 창문에서 보이는 집마다 지하실을 갖추고 있었다.

단독주택의 특징 중 또 다른 하나는 거의 대부분 개를 기른다는 것이다. 이런 집에는 주인의 문패는 없어도 개 문패는 꼭 있다. 그런 집의 문패는 '개가 물어요A kutya harap' 혹은 '무는 개 조심harapos kutya'라고 써놓거나, 그냥 간단히 개 그림을 그려놓기도 한다. 그런데 이 개들은 꼭 어딘가에 몸을 감추고 있다가, 담 옆을 지나가는 사람들에게 갑자기 달려든다. 담이라는 것이 그냥 철망 정도로 되어 있기 때문에 큰 개들이 짖으며 달려들면 정말 '없는 애'도 떨어질 만하다. 만일 울타리가 부실하다면 무슨 불상사가 날 것만 같다. 이 개들도 종일 계속되는 숨바꼭질에 지쳤는지, 다행히 해 어스름에는 몸을 드러내지 않으며, 밤에는 짖는 일도 드물다. 그리고 그때부터는 고양이의 세상이 된다.

집에다 포스터를 붙여 놓아서 그렇게 느껴졌는지는 모르겠지만 유난히 집을 판다, 세를 놓는다는 집들이 많았다. 우리 앞집도 빈집 상태로 있었는데 가끔씩 관리하러 오는 분은 꼬부랑 할머니였다. 원래 현직에서 떠난 세대들이 연금에 의지하여 살게 되면 언덕 위의 고급 주택은 유지·관리하기가 어렵다. 그래서 일단은 시내 주택가에서 화초를 가꾸며 살게 된다. 그러다가 나이가 너무 들어 집을 관리하기 어려우면 아파트로 들

어가는 모양이다. 옆집 플럼 나무 주인도 그 나무 관리가 힘들어지면 아마 집을 내놓을 것이다. 팔고 싶어 하는 사람이 워낙 많기는 하지만 그래도 그 동네는 학교가 가까우니 좀 기다리다 보면 임자를 만날 것이다. 좁은 땅에서 아옹다옹 사느라 지친 한국 사람들이 페치에 와서 그런 집들을 사서 한번 여유롭게 살아보면 어떨까 싶다. 나를 포함해서…….

창窓을 활짝 열었으면

●

기본적으로 창은 닫힌 공간과 열린 공간 사이의 소통의 통로다. 창을 통해서 사람의 집들은 자신의 속살을 드러내 보이고, 창을 통해서 빛과 공기를 받아들인다. 한편 창은 안과 밖을 차단하는 벽이기도 하다. 겨울 방안의 온기는 닫힌 창을 통해서 잘 보존된다. 이런 양면성으로 인해 창은 유리라는 참으로 절묘한 물질로 만들어진다.

사람들의 집은 문화적 전통과 역사적 양식에 따라 창을 낸다. 그 크기나 면적은 지역의 기후적 특성과도 관련을 가진다. 에스키모의 이글루는 바깥 경치를 볼 이유는 없고 오직 보온이 제일 중요하므로 창을 내지 않는다. 과수원의 원두막도 창이라 할 만한 것이 없기는 마찬가지인데, 바람의 유통이나 조망의 편의로 하여 사방을 아예 다 터놓기 때문이다.

헝가리에 와서 사람들의 사는 모습을 보며 특히 눈에 띈 것이 창의 형태였다. 요즈음의 한국 집들이 창을 시원하게 내는 것과는 달리 헝가리인들의 집은 창이 매우 인색하다. 크기도 작을 뿐 아니라 개수도 적다. 그리고 거의 열지 않는다. 겨울에 찬바람을 막는 데는 아주 좋은 방법이지

우리 옆집인데, 남쪽 벽에 난 창이 너무 적다. 햇볕이 아깝다.

만 체온 이상으로 수은주가 올라가는 기온에는 아주 극약이다. 그런데도 남자들이나 여자들이 차라리 훌러덩훌러덩 옷은 벗을망정 창문을 활짝 열어젖히지는 않는다. 게다가 겨울철에나 사용하는 덧창을 여전히 닫고 있는가 하면, 안쪽에도 커튼을 단단히 쳐서 도무지 안을 볼 수가 없다. 조망이나 채광에는 별 뜻이 없고, 단지 가리고만 싶은 것이다.

헝가리 이웃에 있는 나라들을 여행하면서 나는 그 나라 집들의 창의 크기와 형식에 주목했다. 말하자면 그것이 헝가리만의 특성인지, 아니면 중유럽의 보편적 문화인지, 아니면 서양적인 현상인지를 분간하고 싶었던 것이다. 중유럽의 창들이 비교적 작은 것은 일반적인 현상으로 보인다. 그러나 개인 주택의 경우 헝가리가 제일 작은 편에 속한다.

바로 옆 나라인, 그리고 한때는 헝가리의 일부이기도 했던 크로아티아를 가본 적이 있다. 국경을 넘으면서 뭐가 다른지 유심히 보았다. 국경이라는 게 그저 강 하나를 두고 이쪽저쪽으로 갈린 곳이지만 그러나 문화적 풍경은 사뭇 달랐다. 한마디로 훨씬 잘사는 것 같았다. 그런데 사실 두 나라의 국민소득은 큰 차이가 없는 것으로 알고 있다. 그럼에도 크로아티아 시골의 집이 국경을 넘기 바로 전에 보았던 헝가리의 집보다 훨씬 좋았다. 무엇보다 창이 넓었다. 거의 모든 집이 2층에 발코니를 두고 있었고 널찍한 창을 내고 있었다. 집을 지은 지 얼마 안 되었거나, 아니면 열심히 관리한 것 같은 모습이었다.

그 차이는 왜 생긴 것일까? 두 지역 다 지중해성 기후대에 속하는 곳으로서 차이가 거의 없다. 결국 사람이 다르다는 결론을 내린다. 사람이 다르면 사는 방식이 달라진다. 그것을 여행 내내 확인할 수가 있었다. 크로아티아는 영어와 먼 사촌쯤 되는 슬라브어를 쓰는 나라라서 그런지 적어도 관광업에 종사하는 사람들은 영어를 잘하는 편이다. 관광이 GDP의 20% 이상을 차지하는 나라이니, 외국인을 대하는 태도가 밝을 수밖에 없을 것이다.

헝가리에서도 관광이 중요 산업이기는 하지만, 이 나라는 관광객 유치에 그렇게 열을 내는 나라는 아니다. 하다못해 슈퍼마켓에서 신상품을 소개하러 나온 아가씨들도 절대 지나가는 사람을 잡지 않는다. 시음이나 시식을 권유하지도 않는다. 손님을 유인하기 위해서 음악을 틀고, 춤을 추고, 내레이션 모델이 등장하는 한국과는 아주 딴판이다. 정말 헝가리인들은 자기선전promotion이 서툴다. 시민들의 표정은 그리 밝지 않다. 아니 그보다는 감정을 감춘다고 하는 것이 좋겠다. 신체언어body language 역시 매우 소극적이며, 영어는 이제 막 배우는 중이다. 그러한 사람들의 차이가 창문의 차이로 나타난 것이 아닐까 싶다.

헝가리에 거주하면서, 아이들의 교육을 헝가리에 맡겨 놓은 나로서는 이 나라가 잘되기를 진심으로 바라고 있다. 나는 이 나라 사람들의 높은 문화적 수준을 인정한다. 한편 역사의 흐름 가운데 오랜 기간 질곡의 지경에 처해 있었던 것도 알고 있다. 그리고 공산 치하의 경험이라는 것이 사람들의 표정을 얼마나 어둡게 하는지도 알고 있다. 헝가리인의 성격이 비관적이며 염세주의에 빠져 있다는 것은 많은 사람들이 알고 있다. 포도주가 반병이 남았다면, 헝가리인들은 한결같이 '반이나 없어졌다'고 한단다. 유럽의 OECD 회원국 중 헝가리의 자살률이 가장 높은 것은 이러한 그들의 성격과 관계가 있을 것이다.

그러나 이제 세상이 많이 달라졌다. 더 이상 과거의 쓰라린 추억에 사로잡힐 필요가 없다. 나는 이 나라가 자신들의 문화적 역량을 발휘하여 국가 발전의 비전을 공유하고, 전 국민이 열정을 가지고 달려 나갈 것을 기대하고 있다. 국제적 전망은 이 나라의 장래를 다소 불투명하게 보고 있지만 그 옛날 성 이슈트반Szent István 국왕이 나라의 기초를 놓으면서 기독교적 정신으로 하나가 되었듯이, 그리고 한동안 강성한 국가로서 맹위를 떨쳤듯이 이제 국민들의 마음을 모을 수 있는 지도자가 나오기를 기대하고 있다. 그러나 그 무엇보다 먼저 그 작은 창을 넓히면 좋겠다. 아니면 활짝 열어 놓기라도 했으면 좋겠다. 그리고 세계의 발전해 가는 새로운 공기를 흠뻑 들이켜길 바란다.

헝가리여, 음식의 낙원이여

●일곱 번째 이야기●

시장은
생활이다

●

개인적으로 여행에서 중요하게 생각하는 것이 시장 방문이다. 여행 지역
의 백화점이나 아케이드에도 관심이 있지만 꼭 빠뜨리지 않는 곳은 재래
시장이다. 백화점 상품들은 한국이나 다른 나라가 대동소이하고, 게다가
요즈음 전자제품은 한국산이 중요 위치를 점하고 있으니 별 감흥도 생기
지 않는다. 헝가리에서 팔리고 있는 공산품들은 서구의 나라나 우리나라
의 제품에 비해 볼 때 품질이 낮은 편이다. 주방에서 쓰는 랩이나 포일조
차도 재활용을 할 수 없을 정도로 빈약하다. 그런 곳에서 관심을 끄는 것
은 오로지 가격이나 사양 정도다.

그에 비해 재래시장에서는 현지인들의 삶의 냄새가 진하게 배어난다.
그러기에 여행지의 문화적 특성을 나타내는 시장들이 관광 코스에 포함
되는 것이 아닐까? 터키 이스탄불^{Istanbul}의 그랜드 바자르 같은 곳은 관광
명소가 되어 있고, 그곳의 상품뿐만 아니라 거래 방식^{상품 가격 깎기}도 여행의
재미가 되고 있다. 뉴질랜드의 주말 시장은 지역 특산 물품을 싸게 살 수
있는 곳이기도 하다. 부다페스트에도 자유의 다리^{Szabadság híd}에 인접한 중

앙시장magycsarnok은 헝가리의 각종 특산물을 팔고 있는데, 전통 음식도 시식할 수가 있어서 관광객에게 인기가 있다. 인근 바치Váci 거리의 관광 상품점보다 동일 제품을 더 저렴하게 살 수도 있다. 그런데 사실 그런 곳은 거의 관광객만 찾는 곳이라서 정말 현지인의 체취를 맡기는 쉽지 않다.

페치에는 재래시장piac이 몇 군데 있다. 유명 브랜드의 제품을 주로 팔고 있는 아르카드Árkád라는 이름의 아케이드 건너편 버스 터미널과 접한 곳에 상설 재래시장이 있다. 시장 안쪽은 주로 식품을 팔고, 바깥쪽에서는 애완동물도 거래한다. 대부분 전문적인 상인들이 팔지만, 주변에서는 일반인들이 자기들 텃밭에서 가꾼 채소나 과일, 그리고 집에서 얻은 계란을 들고 나오기도 한다. 그러니까 농부 시장farmer's market 같은 기능도 하고 있다.

동네에는 후시 볼트hús bolt라는 간판을 붙인 정육점이 꼭 있다. 헝가리인들이 고기를 좋아하기 때문인 것으로 보인다. 가끔 구멍가게 같은 식품점élelmiszer도 있기는 하지만 24시간 편의점은 거의 찾기가 힘들다. 한밤중에 가게를 가야 한다면 24시간 운영하는 테스코Tesco에 갈 수밖에 없다. 식품에서 공산품까지 심지어는 의류까지 테스코에는 없는 물건이 없다 할 정도로 규모도 크고 다양한 상품들이 판매되고 있다. 영국 업체인 테스코를 비롯해서 헝가리에는 외국 업체들의 대형 매장이 많이 들어와 있다. 규모는 크지 않아도 주택지역 곳곳에 있는 스파Spar가 대표적이고, 군데군데 페니마켓Penny Market이나 알디Aldi도 볼 수 있다. 의대 앞에는 독일 계열의 리들Lidl도 있어서 학생들이 많이 이용하고 있다. 부다페스트에는 오숑Auchan이나 이케아Ikea 같은 매장도 있고, 전문 아웃렛도 있다.

사업자들을 대상으로 하는 회원제 매장인 독일 업체 메트로Metro도 운영된다. 메트로에서는 다양한 생선을 살 수 있다는 것이 장점이다. 저 북해에서 잡은 신선한 대구, 광어 등도 팔고, 주꾸미나 새우도 있으며, 가끔은 훈제 고등어도 판다. 그리고 크로아티아 물고기 그러니까 아드리아

Adria해의 생선도 제공된다. 바닷고기는 회를 뜨고 싶은 생각이 들 정도로 신선하다. 이에 자극을 받았는지 그 옆 우란바로시Uránváros 지역에 있는 테스코도 리모델링을 하면서 생선 코너를 늘렸다.

헝가리에서는 웬만한 집수리는 스스로 하는 모양이다. 테스코에서도 공구나 전기 재료는 많이 팔고 있지만, 더 전문적인 매장은 프라티커Praktiker나 바우막스BauMaxx 같은 곳이다. 이 매장에 가면 꼭 미국에 있는 로우스Lowe's에 간 느낌이 든다. 온갖 종류의 공구와 부품들, 수많은 규격의 건축 자재가 가득 들어차 있다. 또한 정원 관리와 관련된 기계며, 도구들도 철에 따라 팔리고 있다. 키카Kika 같은 대형 가구 매장도 있다.

최근에는 이러한 매장 형식 말고, 온라인-오프라인 복합 매장도 생겨나고 있다. 인터넷이 발달됨에 따라서 소비자 입장에서는 온라인으로 주문하는 일이 가능하게 되었고, 판매자 입장에서는 매장 관리 비용을 절감할 수 있게 되었다. 그래서 이런 곳에서는 물건 가격이 저렴한 편이다. 특히 IT 관련 제품들 중에 이런 형식의 판매 사이트가 운영되고 있다. 가장 큰 규모의 오프라인 전자제품 매장은 아르카드Arkád에 있는 메디어마켓Media-Markt이고, 그보다는 규모가 작지만 유로닉스Euronics도 운영되고 있다. (아르카드 맞은편과 페치 플라자 등 두 군데에 있다.) 그 인근에 바로 온·오프라인 복합 매장인 익스트림 디지털extreme digital이라는 가게가 있다. 그래서 나는 제품 실물 구경은 메디어마켓에서 하고, 실제 구매는 가격이 훨씬 저렴한 이곳에서 하곤 했다. 매장에 물건이 없으면 2~3일 후에 갖다 놓고 SMS로 알려준다. 직원들이 영어를 잘하기 때문에 의사소통에도 문제가 없다.

여행자로서 헝가리를 거쳐 갈 때는 특산물이라는 것에 관심을 가진다. 그런데 사실 오늘날에 헝가리는 내세울 만한 산업이 없는 실정이다. 규모가 크고 자본이 든든한 외국 대기업의 압박으로 인구 1천만의 시장은 아주 위축되어 있다. 국가에 재정적 여유가 없다 보니, 기간산업들이 외국 자본에 넘어가고 있다 한다. 헝가리 국내 매출 1위인 국영 석유회사 MOL도 외국 자본의 적대적 합병을 겨우 방어하고 있는 실정이다. 도시 가스 같은 경우에도 러시아로부터 가스관을 타고 들어오는데, 자연히 러시아 눈치를 보지 않을 수 없다고 한다. 페치에서도 한동안은 우라늄 광산과 석탄 광산이 운영되었는데, 이제는 문을 닫은 상태이고, 가죽산업도 번성했다고 하나, 지금은 자그마한 규모의 매장 두어 개가 운영되고 있을 뿐이다. 게다가 언뜻 보기에도 디자인이 구식이어서 내세울 만한 제품은 없었다. 한 번 가 보니 지금 한국에서는 볼 수 없는 둥그렇게 생긴 의사들 왕진 가방도 눈에 띄었지만, 워낙 시장이 한정되어 있는 데다 오늘날 더 이상 그걸 쓰는 사람도 없지 않은가? 말하자면 국제적인 시장 동향에 그리 신경을 쓰지 않는 것 같고, 따라서 관광객들이 가게에 들르기는 하지만 상품 구매로 연결되는 것 같지는 않았다.

페치의 산업이 위축되면서 유일하게 있던 골프 클럽도 문을 닫았다. 헝가리 사람들이 아니라 그 산업에 투자한 외국인들이 주로 이용하던 시설이었을 것으로 생각된다. 페치에서는 골프 용품 파는 곳이 한 군데도 없다.

헝가리라 하면 거위 털goose down이 유명하다 해서 현지에서 겨울 점퍼라도 하나 사고 싶었는데, 막상 물건을 찾을 수는 없었다. 거위는 주로 두너 강 서안 두난툴Dunántúl이 주산지이며, 생산품은 거위 고기와 거위 간goose liver 그리고 거위 털goose down이다. 거위 다리goose leg와 거위 간은 헝가리 식당의 식재료로 사용되는데, 거위 털은 대부분 원재료 상태로 메이저 아웃도어 업체들에 수출되는 것으로 보인다. 웬만하면 헝가리에서 헝가리산 거위 털로 만든 아웃도어 의복이나 겨울철 이불 같은 것을 사서 한국에 선물할 수도 있으련만, 오히려 그런 제품은 우리나라 홈쇼핑에서 더 많이 팔고 있었다.

산업의 부가가치가 낮으니, 자연 국민소득 증대로 이어지지는 않는다.

겨울철에 밭에 많이 심는 사탕무 같은 것도 수확을 하면 그 상태로 프랑스로 팔려 간다고 한다. 헝가리 국내에서 가공을 하고, 그것을 직접 수출하면 좋을 텐데, 인구가 1천만이 채 못 되니, 국내의 소비 기반이 취약하고, 산업으로 발전시킬 만한 자본도 부족한 실정이다. 원재료의 품질도

좋고, 사람들의 장인적 재능과 솜씨도 훌륭하며, 예술적 능력과 감각이 뛰어나니, 이를 결합하면 세계 시장에 내놓을 만한 제품도 생산할 수 있으련만, 자국의 장점을 잘 살리지 못하고 있는 것이 안타깝다. 산업화의 길은 멀기만 하다.

세체니 광장에서는 페치 축제가 자주 열린다.

헝가리여, 음식의 낙원이여

벼룩시장에
벼룩은 없더라

●

일요일에 뭐하나요?

이 글은 페치의대 한인학생회 홈페이지에 올린 편지 형식의 글이다.

부다페스트는 두너 강을 곁에 끼고 있는 아름다운 건물들이 자랑거리죠. 그곳은 정말 이국적이어서 영화나 드라마의 배경으로 자주 이용되는 곳입니다. 한국의 '아이리스'란 드라마에서도 그 시작을 헝가리 로케이션으로 장식했지요. 영화 〈우울한 일요일Gloomy Sunday[16]〉 역시 부다페스트가 배경이었습니다. 세체니 사슬교Széchenyi lánchíd에서 자살하는 장면이 나오고, 오래된 건물과 거리가 작품의 분위기와 너무 잘 어울립니다.

그러나 일요일은 일반적으로 행복한 날입니다. 무엇보다 일과 공부를 열심히 하는 사람들에게 주어지는 '휴식'이 하나의 축복이죠. 그래서 일요일은 밝아야 하

16 제2차 세계대전 무렵. 헝가리 수도 부다페스트를 배경으로 하는 영화. 전쟁의 소용돌이 가운데 사람들의 애증과 사회의 모순을 적나라하게 드러낸 작품이다. '우울한 일요일'은 영화의 제목이자 동시에 영화의 주제가이기도 하다. 이 노래가 죽음(자살)을 부르는 노래로 나오는데 당대에 있었던 실제 현상이었다 한다.

고, 명랑해야 합니다.

영어식으로는 'Sun태양'이란 어근이, 동양에서는 이를 받아 '日태양'이란 어근이 사용됩니다. '부디 맑고 밝은 날이어라' 하는 소망이 담긴 표현이겠지요. 그런데 부다페스트의 일요일은 울적했답니다. 저 영화에서는……. 영화 주제가의 제목이기도 했던 그 제목은, 영화의 줄거리와 분위기를 잘 암시해 주고 있습니다. 제2차 세계대전 시기에 벌어졌던 애정 사건love affair, 인종청소, 신뢰와 배신 등이 작품 전체에 점철되어 있습니다.

하지만 부다페스트를 밤에 돌아보면 결코 우울하지 않지요. 두너 강변의 고색창연한 건물들은 현란한 조명에 감싸입니다. 그러면 회색의 대리석들은 그 순간 보석으로 변신을 합니다. 한 시간여 크루즈를 타고 돌아보아도 끝이 나지 않는 보석의 체인……. 유네스코의 세계문화유산으로 지정된 두너 강변의 야경은 정말 세계 최고라고 해도 과언이 아닙니다. 이 나라의 공기가 맑아서 어느 곳이나 다 야경은 명징합니다.

일요일에는 부디 밝고 명랑하기 바랍니다. 이곳에서는 일요일을 버샤르넙Vasárnap이라고 부르는데, 말인즉 팔고 사는 날이라는 뜻이 되겠군요. 실제로 페치에서도 이날 대규모의 장이 섭니다. 페치 엑스포EXPO를 지나면 페치 플라자 맞은편 쪽에 큰 장터가 있는데요, 여기에 벼룩시장 같기도 하고, 우리나라 시골 장터 같기도 한 시장이 열립니다. 이것을 시민공원의 벼룩시장városligeti bolhapiac이라고 부릅니다.

매달 첫 번째 일요일에는 이 장이 훨씬 더 크게 선답니다. 지난번에 갔을 때는 할머니가 털실로 손수 떠놓은 덧신 두 켤레를 샀습니다. 솜씨가 소박하지만, 만든 사람과 소비자가 직거래하는 곳이라서 흥정도 하고는 싶었지만, 첫째는 언어 문제, 둘째는 할머니가 너무 곱상해서 달라는 대로 값을 치르고 왔습니다. 이 장터에 없는 것 없어요. 심지어는 회전목마도 있어요. 아니 목마가 아니고, 진짜 말이 돕니다. 나이 제한이 있는지는 모르지만 한 번 타는 데 600포린트래요.

▲ 온갖 잡동사니가 다 팔리고 있는 장터

▼ 페치 장터의 회전목마

그리고 자동차도 직거래 장터도 열립니다. 먹을 것도 많이 팔고, 공예품도 많습니다. 한국에서는 고물상에서도 거들떠보지도 않은 물건을 판답시고 죽 늘어놓은 사람들도 있습니다. 아참, 지난번에는 중고 혈압계도 보았고^{수동식}, 새것 같은 3M 청진기도 있었습니다.

어느 나라나 장터의 풍경을 요약하는 부사는 '흥청'이지요. 여기도 참 재미있습니다. 페치 시내에서 사람들이 그렇게 많이 모인 것은 처음 보았습니다. 일요일은 이 사람들에게는 장이 열리는 날이고, 그 흥겨움과 명랑함을 몸소 체험하는 날인가 봅니다. 그러나 술 마시고 행패를 부린다든지, 판매자들끼리 자리싸움을 한다든지 하는 '망청'의 현장은 보이지 않았습니다.

여러분은 일요일에 뭐하시나요? 그냥 휴식? 보충? 시간 내서 그 장터에 가서 명랑함을 느껴보십시오. 그리고 그 명랑함의 정점을 자유로 Szabadság utca 35번지에서 찍는 것도 괜찮지 않을까요?

벼룩시장에서 건진 물품들
구리 꽃병 1,000포린트, 그릇 300포린트

4

헝가리여,
그 문화의
아름다움이여

●첫 번째 이야기●

마자르인이
몽골인과 비슷하다는데

●

외국인으로서 다른 인종의 민족을 구분하는 것은 사실 어렵다. 가령 헝가리 사람들은 동양인을 보면 대부분 중국인으로 생각한다. 한국 사람이 보면, 중국인과 일본인이 구분되는데도 말이다. 마찬가지로 페치에도 여러 민족이 살고 있다는데, 동양인인 나는 잘 구분도 못 하겠고, 또 그 민족이 어떻게 구성되어 있는지도 잘 모르겠다.

그중 가장 인구가 많은 것은 크로아티아 사람들이 아닌가 싶다. 헝가리의 영토가 가장 넓었을 때에 크로아티아의 상당 부분이 헝가리에 속해 있었다. 페치는 남부 국경도시로서 드라바 강만 건너면 서로 오갈 수 있다는 지리적 인접성으로 인해 크로아티아 사람이 많이 살고 있는 것 같다. 우리가 살던 시게티Szigeti 거리의 끝에 있는 크로아티아 사람들을 위한 학교와 커뮤니티 센터를 보고 짐작한 것이다. 그곳에는 크로아티아 국기와 헝가리 국기가 게양되어 있고, 학교 이름에 호르밧Horvát: 헝가리 사람들이 크로아티아를 부르는 명칭이란 말이 포함되어 있다.

유고 연방이 해체될 무렵에 발칸 전쟁의 포화를 피해 많은 크로아티아

난민들이 페치 시로 몰려들었으며, 페치에서는 이 난민들을 잘 돌보았다고 한다. 이로 인해 1998년에 유네스코로부터 '평화를 위한 도시Cities for peace' 상을 받기도 했다.

아이들 말에 의하면 의대 교수 중에는 유대인도 있다고 한다. 페치 중심부 코슈트 광장Kossuth tér 옆에 유대인 회당이 있는 걸 보면, 비록 제2차 세계대전 과정에서 50만 명 정도의 유대계 헝가리인들이 희생되었고, 일부는 탄압이 없는 지역으로 많이 떠났다고는 하나, 유대인들은 아직도 교수나 의사 등 전문직에 많이 종사하고 있는 것으로 보인다. 헝가리는 기초 학문 분야에서 노벨상을 많이 받았는데, 사실 그들 중 상당수가 유대인이라고 한다.[17]

17 현재까지 헝가리인으로 노벨상을 받은 사람은 모두 14명이다.
- 화학상(5명): Richard Zsigmondy(1925), Leopold Ruziczka(1939), George de Hevesy(1943), John Polányi(1986), George Oláh(1994)
- 의학상(3명): Robert Bárány(1914), Albert Szent-Györgyi von Nagyrápolt (1937), George von Békésy(1961)
- 물리학상(4명): Fülöp von Lenárd(1905), Isidor Rabi(1944), Eugene Wigner (1961), Dennis Gábor(1971)
- 경제학상(1명): John Harsányi(1994)
- 평화상(1명): Elie Wiesel(1986)
Corvinus Library 웹 사이트 참조. http://www.hungarianhistory.com/nobel/nobel.htm

어떻게 보면 헝가리인과 유대인은 여러 가지 면에서 유사하지 않나 싶다. 마자르인에게 헝가리 대평원은 이집트를 떠난 유대인에게 가나안과 같은 곳이었고, 이방 민족의 끊임없는 침입 가운데서도 민족 단일성의 유지에 거의 강박관념이라고 할 정도의 집착을 보여 온 민족인 것이다.

오르퓌Orfü 쪽으로 넘어가면 독일 혹은 오스트리아 사람들이 마을을 이루고 사는 곳도 있고, 네덜란드 번호판을 달고 있는 자동차도 제법 많이 볼 수 있다.

동메첵의 오바녀Óbánya 마을은 독일인 유리 공예가들이 세웠는데, 그곳에서 그들은 포도주 병과 같은 유리 세공품이라든지, 각종 건축용 유리를 생산했다고 한다.

이처럼 독일인들은 17~19세기에 헝가리에 많이 유입되어 헝가리 산업에 적지 않은 기여를 한 것으로 알려져 있다.

그리고 또 하나의 민족 로마Roma[18]라고 불리는 사람들이 살고 있다. 바로 집시의 공식 명칭이다. 로마족은 그들에게 가장 관대한 루마니아에 제일 많이 살고 있으며, 헝가리에도 대략 60만 명 정도의 집시들이 있다고 하니, 헝가리에 사는 민족의 비중으로는 결코 적지 않다.

동양인으로는 주로 중국인 화교들이 거주하고 있다.

오바녀 마을 풍경

대부분 중국 식당이나 잡화점, 의류 가게 등을 운영하고 있는데, 부다페스트에서는 중국인 의사가 운영하는 치과를 보기도 했고, 페치에서는 건강증진센터에 중국인 의사의 이름이 게시된 것을 보기도 했다. 한국인은 헝가리 전체로 보면 1,000명 안팎의 거주자가 있다고 한다. 대부분 삼성전자나 한국타이어, KDB은행 등 한국 기업의 현지 주재원들이고, 현지에서 영주권을 취득한 교민들과 유학생들이 그 나머지를 이루고 있다.

우리가 있는 동안 페치에는 많을 때는 100명 가까운 한국인이 있었지만, 대부분 의대생이나 약간의 교환학생들뿐이었다. 방문객도 전무하다시피 했다. 한국인 단체 관광 코스에는 페치가 들어 있지 않고, 배낭여행을 하는 관광객도 페치에는 들르지 않아 일반인이라고는 딱 우리 내외밖에 없었다.

마지막으로 헝가리의 주류 민족, 바로 마자르인이 살고 있다. 이들은 헝가리 인구의 90%가량 되는 것으로 알려져 있으며, 옛날 헝가리 왕국 시절의 영토였던 인근 국가에까지 널리 퍼져 있다고 한다. 세르비아의 보이보디나Vojvodina, 크로아티아 북부, 슬로베니아 남부, 루마니아의 트란실바니아Transylvania 등에도 꽤 많은 헝가리인 인구가 거주하고 있는 것이다. 전체적으로 헝가리 땅에 사는 인구는 1천만에 조금 못 미친다. 그나마 출산율 저하로 인하여 인구가 조금씩 줄고 있다고 한다.

유럽 사람들을 민족과 국가별로 유심히 살펴보면 뭔가 조금씩 다르다는 것을 느낄 수 있다. 그러나 말로 표현하라면 그것은 참으로 어렵다. 확실히 남쪽으로 가면 낙천적이고 여유로우며 밝은 인상이다. 북쪽으로 가면 신장이 크고, 강인한 인상을 보인다. 헝가리인들은 다소간 중간적이다. 루마니아인의 낙천성과 여유로움, 크로아티아인의 활동성과 능동성을 가지지는 않은 것 같다. 그렇다고 체코 사람들처럼 체격이 크지는 않다. 사실 오랜 기간 유럽의 다른 나라와 교류가 있었으니, DNA도 많이 섞였을 것이다. 실제 헝가리인들은 다양한 체격과 피부색을 가지고 있다. 그럼에도 불구하고 이것이 헝가리 사람의 특징이 아닐까 하고 조심스럽게 말해볼 수는 있지 않을까 싶다.

남자들은 대체로 상체가 하체보다 발달해 있다. 아람이에 따르면 헬스클럽에서 웨이트 트레이닝을 하는 헝가리 남자들은 대부분 상체 운동에만 집중한다고 한다. 현지에서 파는 옷을 입어보면 같은 치수라도 품이 훨씬 크다.

여자들은 체격 조건으로 구분하기는 어려우나 차림새 면에서는 헝가리 스타일이 있는 것으로 보인다. 젊은 여자들은 긴 생머리를 묶어서 꽁지머리로 만들고, 특히 겨울에는 약간 긴 부츠에 타이트한 진 계통의 스판덱스 바지를 입고, 목까지 올라오는 폴라 셔츠에 가죽 질감의 짤막한 상의를 입는 모습이 유난히 눈에 많이 띈다. 그 무렵에 그런 차림의 여성들은 약간 거친 인상을 준다.

이유원의 「이역죽지사異域竹枝詞」에도 헝가리인에 대한 묘사가 있다. 그 원문과 그 번역문은 다음과 같다.

사람들은 몽고 사람과 모습이 방불한데 / 蒙古儀形彷彿人

영리한 그들 칼도 차고 말타기도 익히네 / 彎刀馳馬穎精神

부인들까지도 글을 잘 하는 그 나라는 / 文字能通娃亦解

예모를 숭상하며 금은이 있는 곳 알아내네 / 不貪禮俗識金銀

이 나라는 파사니아波斯尼亞[10] 남쪽에 위치해 있다. 그 나라 사람들은 몽고蒙古 사람과 방불한데 몹시 영리하고 말타기에 익숙하며 항상 칼을 차고 다녔다. 부인들은 글에 능숙하고, 풍속은 예모를 숭상한다. 금, 은, 동, 철이 수출될 정도로 많이 생산된다.[20]

「이역죽지사」를 지을 때 참고하고 인용했던 청나라의 〈황청직공도〉에 나오는 글은, 시문 형식이 아니고 설명문이다. 이유원은 이 설명문을 시가 형식으로 재구성하여 표현하였고, 여기에 원문의 일부를 발췌하여 해설문을 덧붙인 것이다.

이 글에서 보이는 헝가리인은 매우 긍정적으로 그려지고 있다. 머리가 영민하다든지, 여성들도 문해文解 능력literacy을 갖추고 있다는 등의 칭찬성

19 '파사니아'는 Bosnia의 음역어인데, 전통적으로 헝가리의 남쪽에 위치하고 있었으므로 이 기록은 잘못된 것으로 보인다. 이것을 폴란드의 음역어인 '파라니아(波羅尼亞)'의 오기로 본다면, 위치에 대한 설명은 맞게 된다.
20 김동주 역, 「옹가리아국(翁加里亞國)」, 『임하필기』, 제39권. 한국고전번역원의 '한국고전종합DB'에서 인용하였다.

황청직공도의 헝가리 인물도

표현과 함께 예절에 대한 긍정적 표현, 과학적 능력에 대한 찬양도 포함되어 있다. 두뇌가 뛰어나고 기초과학이 튼실하여, 노벨상을 십여 명이나 받은 것을 보면 위 기록에 신빙성이 높다고 할 수 있다.

여기서 우리가 눈여겨볼 것은 헝가리 사람이 몽골 사람과 닮았다는 표현이다. 이 책이 중국 사람의 시각으로 외국인을 묘사한 것인데, 헝가리 사람과 몽골 사람이 비슷하다면, 몽골 사람과 가장 닮은 한국 사람도 헝가리 사람과 외관상 유사하지 않을까 유추할 수 있을 것이다. 그러나 오늘날에는 외관상 헝가리인이 몽골 사람이나 우리나라 사람과는 거의 닮은 구석이 없으니, 〈황청직공도〉의 표현에 의문부호를 붙이게 된다. 어쩌면 유난히 몽골 사람과 닮은 헝가리인이 중국에 왔는지는 모르겠다.

어쨌든 적어도 조선시대까지는 한국인이 헝가리인을 직접 만난 일은 없고, 중국을 통해서 굴절된 모습을 만난 것이다. 그럼에도 상당히 긍정적인 이미지의 헝가리인을 만나게 된 것이었다. 과학적 조사에 따르면 오늘날의 헝가리인은 인종적으로는 백인 계통에 속하고, DNA 면에서 몽골족과는 아주 작은 부분에서만 통한다고 한다. 만일 몽골과 혹은 몽골로이드와 연결되는 부분이 있다고 하면, 그것은 외모가 아니라 마음과 정서가 아닐까 싶다.

헝가리여, 그 문화의 아름다움이여

●두 번째 이야기●

말을 달리는
헝가리인

●

가을이 한창 깊어갈 무렵 모하치 사는 안나[21] 네 집에 초청을 받았다. 엄마 아빠가 모두 페치대학교에서 수의학을 전공한 분들인데, 말하자면 캠퍼스 커플로 맺어진 가정이었다. 자녀는 4남 1녀. 헝가리에서도 자녀 교육에 신경을 많이 쓰고 있고, 또 부부간에 모두 일을 하는 가정이 많다 보니, '에지케egyke', 즉 '한 자녀 갖기'가 하나의 현상이 되어 있다고 한다. 그런데 이 댁은 정반대의 길을 걷고 있는 것이다. 안나가 둘째였고, 그 위로 오빠가 하나 있고, 남동생이 셋이나 되었다. 안나가 나에게 한국말을 배우는 것을 계기로 이 댁과도 많이 친해졌다.

집에 가 보니 식구가 일곱인 데다, 개 두 마리, 돼지 한 마리가 함께 지내고 있었다. 하운드 종처럼 보이는 흑갈색 반점의 개는 사람을 무척 잘 따랐다. 너무 신기해서 카메라를 들이대니 무슨 사냥총이라도 겨누는 것으로 아는지 저만큼 도망가 버린다. 또 한 마리는 우리나라 삽살개처럼 흐트러진 터럭이 얼굴을 가리고 있는 풀리puli 종자인데, 헝가리 토종이라

21 안나의 본래 이름은 버이노치 언너(Bajnoczi Anna)다. 국립국어연구원의 헝가리어 표기법에 따르면 '언너'라고 쓰는 게 옳으나, 우리가 평소에 부르던 식으로 '안나'라고 칭한다.

▲ 모하치에서는 봄이 시작될 때, 부쇼야라시Busójárás라는 축제를 한다.

▼ 큰아들 여름이가 안나 오빠의 도움으로 말타기 체험을 하고 있다.

고 한다. 돼지는 자그마한 애완용 돼지인데, 이 녀석도 사람을 좋아한다. 잘 대해 주는 것을 느꼈는지 아예 내 바짓가랑이를 물고 늘어지기도 하였다.

그날의 목적지는 안나 네 집이 아니고, 안나 외할아버지 댁이었다. 자동차로 5분쯤 두너 강을 따라 위로 올라 가니, 강변에 자리 잡고 있는 저택이었다. 특별히 눈에 들어오는 것은 입구에 널찍하게 자리 잡고 있는 목장과 마사馬舍였다. 가까이 가서 보니, 이 말들의 체격이 보통이 아니었다. 정말 훤칠한 키에, 반질반질 윤이 나는 털에, 비록 동물이긴 하지만 사람을 압도하는 기품이 넘쳐났다.

'저걸 타야 돼? 오늘?'

그날의 목표 활동은 바로 말타기였던 것이다.

안나 오빠의 시범에 이어서 여름이와 아람이가 말을 타고 목장을 몇 바퀴씩 돌았다. 이 초보자들은 두려움 반, 재미 반으로 시간을 보냈지만, 아무래도 밑에 깔려 있는 말은 뭔가 불편한 심기를 보이는 것 같았다. 안나 아빠는 연신 고삐를 아래로 내리라고 주문을 한다. 고삐는 말의 콧구멍과 연결되어 있는데, 그걸 조절하여 말에게 신호를 보내는 것이라 한다. 말하자면 생체 운전대라고나 할까?

마지막으로 탄 안나의 막냇동생은 이제 겨우 초등학교에 들어갈 나이임에도 능숙하게 혼자서 말을 몰았다. 안나 외할아버지 댁에는 말과 관련된 사진이며 조각품이 장식되어 있었다. 현재 그 댁에서 기르는 말은 몇 대에 걸쳐서 길러온 것이라 한다.

이른 봄에 모하치의 안나 네 집에서 만난 사람도 말과 관련된 일을 하는 분이었다. 8월에 헝가리 중부 대평원에서 열리는 국제적 행사의 조직위원장이었다. 이 행사에는 몽골로부터 우즈베키스탄, 카자흐스탄 등 유목과 기마의 전통을 가진 국가에서 전문가들이 참가한다고 한다. 헝가리 각 지역에는 마장마술馬場馬術과 관련된 시설과 축제가 많이 열리고 있으며, 커포슈바르Kaposvar 근처에는 말을 타고 활을 쏘는 사람의 상설 시범장도 있다고 한다.

헝가리의 시골에서는 말을 자주 볼 수 있다. 페치 가까이에서는 오르퓌 호수 옆에 마술 경기장이 설치되어 있다. 호수 옆 도로를 따라서 말타기를 연습하는 사람들도 가끔 볼 수 있었다. 마을 중앙에는 널찍한 마장도 마련해 놓았다. 세르비아에 다녀오는 길에 모하치 두너 강 건너편 마을에서 열린 축제의 현장을 지나치게 되었는데, 마차 타기도 그 축제의 한 프로그램이었다. 그 마차를 끌던 말들 뒤에 차를 댄 채, 함께 배를 타고 두너 강을 건너온 적도 있었다. 오늘날에도 말이 이처럼 생활과 밀접한 것을 보면, 이 민족이 말과는 어떤 깊은 인연이 있는 듯 보였다.

앞에서 설명한 이유원의 「이역죽지사」에도 이러한 말 사랑의 모습이 보인다. 즉, 헝가리인이 '말을 달린다馳馬'는 표현은 '말을 즐겨 탄다', '말을 잘 탄다'라는 뜻이리라. 말하자면 〈황청직공도〉에서는 헝가리인들을 기마민족으로 보고 있는 것이다. 본래 헝가리인들이 중앙아시아의 유목민족이었다면 당연히 기마민족이었을 것이다. 결정적인 증거는 아니지만, 처음 헝가리 평원에 들어와서 나라를 세운 헝가리 최초의 부족장들을 기리는 부다페스트 영웅광장의 조각상은 기마상의 모습으로 되어 있다.

미주 헝가리말협회HHAA, Hungarian Horse Association of America에 따르면 헝가리 말은 본래 '열혈종熱血種, hot horse'이라고 한다. 이것은 말의 기질에 따라 분류한 것인데, 오늘날 가장 대표적인 온혈종溫血種, warmhorse이나 노동용으로 사용하는 차분한 냉혈종冷血種, cold horse과는 달리 민감하고 원기가 왕성하여 마술 경주용으로 사용되는 품종이라 한다. HHAA에서는 헝가리의 말이 그 민족을 오늘날의 헝가리 평원에 이동시켜 주는 것으로부터 시작하여 헝가리의 역사와 함께해온 귀중한 동반자라고 표현하고 있다. 그러한 동반자적 특성은 나 같은 외국인의 눈에도 발견되고 있다.

헝가리 말^馬의 품종은 본래 몽골 계통이라고도 한다. 말^{言語}도 우리와 계통이 비슷하다는데, 이 말이나 저 말이 다 멀지 않다고 하니 참으로 재미있는 일이다.

헝가리여, 그 문화의 아름다움이여

● 세 번째 이야기 ●

솜씨 있는
민족

●

김동인 소설에 「발가락이 닮았다」라는 작품이 있다. 만일 발가락이 닮은 것으로 친자 확인을 하려면 적어도 몇억 개의 형태 중에 그 아버지와 아들 두 사람만 유일하게 닮아야 한다. 그러니까 주인공이 발가락이 닮았다고 말하는 것은 확실한 유전적 검토에 의한 것이 아니라, 단지 그 주인공의 믿음만을 나타내는 것이다. 「메밀꽃 필 무렵」의 허생원도 그러한 믿음을 가지고 동이를 자기 아들이라고 생각하고 있을 뿐이다. 누구라도 다 알고 있겠지만 왼손잡이라는 것을 근거로 친자 확인을 하려면 왼손잡이가 유전에 의한 것이며, 세상에 오로지 허생원 부자만 왼손잡이라는 것을 증명해야 한다.

내 엄지손톱은 뭉툭하다. 특별히 손가락 길이에 영향을 받는 악기 연주라면 몰라도 생활에는 아무런 지장이 없다. 하지만 모양은 그리 아름답지 못하다. 내가 어렸을 때 사람들은 이런 나에게 위로의 말을 건네곤 했다.

'손재주가 있겠구나!'

손가락 모습과 손재주와의 상관성에 대해서는 과학적 논문은 발견하지 못했지만, 그래도 오랜 세월 가운데 사람들이 얻은 삶의 지혜라고 생각하고 있다. 그런 격려를 가슴 깊이 새기고 긍정적으로 자기 암시를 해서인지, 나는 손재주가 없지는 않은 편이다. 손가락이 길쭉길쭉한 아가씨들을 가리켜 게으르겠거니 하고 생각하는 것과 반대의 현상인지 모르겠다.

물론 나와 같은 손톱은 유전임에 틀림없다. 그러나 부모 중에 누구도 그런 손톱이 아니고, 양쪽에 고모나 이모 중에 그런 경우가 있는 것으로 보아서는 열성 유전인 것 같다. 다행인지 불행인지 우리 아이들은 엄지 모습이 나와 다르다. 그러니까 '손가락이 안 닮았다.'

헝가리의 관광 상품 중에 수를 놓은 천 같은 것이 있다. 하얀 천에 예쁜 문양을 그려내고 있는데, 정성도 많이 필요하고, 시간도 많이 요구되는 것들이다. 손이 많이 가는 것이라서 가격은 저렴하지 않다. 그리고 여러 가지 목공예품들도 자세히 보면 상당히 잘 다듬어져 있다. 토르마시Tormás에 있는 메리치 임레 박사Dr. Merics Imre의 집에서도 그런 목공예품들을 많이 볼 수 있었다. 특히 목동들이 직접 만들었다는 지팡이 손잡이의 무늬라든지, 소의 뿔에 새긴 문양들을 보면, 너무나도 정교해서 과연 맨눈으로 그걸 새겼을까 싶기도 하다.

그런 소품을 보고 있노라면, 이 목동들이 오로지 조각하는 일에 빠져서 소나 양 치는 일은 뒷전에 미뤄 두지나 않았을까 싶기도 하다. 내가 수공예품에 관심을 보이자, 메리치 박사는 페치 근교에 사는 어떤 조각가를 소개해 준다. 그리고 몸소 그 사람에게 전화를 걸어서 한국 사람이 한 번 갈 거라고 얘기를 해준다.

메리치 박사에게 주소를 받고, 전화번호도 얻어서 아내와 함께 그 작업장에 가보기로 했다. 버이노치 팔 박사는 그분이 영어를 못 하니 자신이 동행해주겠다고 자청을 했다. 그러나 공직자인 그분을 대동하여 가기

▲ 소뿔에 무늬를 새긴 소품들

▼ 목각 작품들

▲ 포도나무 목각

는 그렇고 해서 우리 내외만 그 작업장을 찾아갔다.

하싸지Hasságy라는 고즈넉한 동네에 작업실이 있었다. 어렵사리 찾아가 보니 미리 연락을 받은 그 조각가는 우리 내외를 반가이 맞이한다. 그러더니 마당 잔디밭에 핀 작은 꽃을 따서 아내에게 선물을 한다. 섬세한 예술가적 기질이 느껴졌다. 작업장은 일종의 전시실과 작업실로 나뉘어 있었다. 그 집에 설치된 가구들 모두가 다 작품이었다. 나무를 얼마나 잘 매만졌는지 매끈매끈할 정도였다. 흙으로 빚는다 해도 그렇게 나올 수는 없었다. 그는 오로지 칼만 가지고 그런 작품을 만들었다고 한다. 실제로 거기서 전동 공구를 발견하지 못했다. 대신 이제는 더 이상 사용할 수 없게 된 오래된 작업도들만 보였다.

의자 같은 커다란 것은 엄두를 낼 수가 없으니, 소품 정도는 하나쯤 소장하고 싶은 생각이 들었다. 가격이 문제였다. 그분이 말한 가격은 그냥 공예품의 가격이 아니라, 작품의 가격이었다. 5cm 정도 될까 말까 한 목각 십자가 하나가 한국 돈으로 몇만 원쯤 했다. 작품에 대해 열심히 설명해 주신 것이 미안하기는 했지만 빈손으로 그곳을 나와야 했다.

목공예품의 아쉬움을 해결한 것은 페치 장터에서였다. 귀국하기 전에 뭐 하나라도 건질까 싶어서 방문한 장터에서 나는 목공예품과 유화 몇 점을 진열하고 있는 곳을 발견했다. 전문적인 수준은 아니었지만, 아마추어 수준은 벗어난 작품들이었다. 팔러 나온 남자분이 영어를 약간 할 줄 알았다. 나는 거기서 A4 크기 정도 되는 목판에 포도알과 가지와 잎사귀가 새겨진 작품을 샀다. 포도주 통에 꽂힌 맛보기 대롱이 재치 있었다. 그리고 제목처럼 새겨진 몇 글자.

'IN VINO VERITAS'

'포도주에 진리가 있다'는 라틴어였다.

포도는 페치 인근 빌라니 와이너리를 기념하기에 좋은 아이템이었던 것이다. 나무의 품질은 그리 좋지 않았고, 그것도 여러 개를 잇대어 만든 것이었지만 약간의 소박한 맛이 오히려 오래된 느낌을 더 주었다.

　나는 작가에 대한 정보를 요구했다. 그는 자신을 설명했다. 수의사 에르데이 페테르 박사Dr. Erdélyi Péter라며 명함을 준다. 페치 인근 쉬클로시Siklós에 산다고 했다. 그래서 내가 메리치 임레 박사며, 버이노치 팔 박사를 얘기했더니, 서로 잘 아는 사이라고 했다. 참, 인연도 깊구나 싶기도 하고, 헝가리도 좁은 땅이구나 싶기도 했다. 나중에 안나 엄마에게 들으니 자기 집 마당에 있는 토템 나무 조각을 바로 이분이 만들어 선물한 것이라는 것이다. 또다시 의문이 생겼다. 이분의 동물병원에는 환자가 적은 모양이다…….

　그러나 어쨌든 이곳 사람들은 일찍 퇴근하여 얻은 여가 시간을 매우 교양 있게 보낸다는 생각이 들었다. 그리고 그 수준은 아마추어를 벗어나고 있으며, 또 그러한 자신들의 작업의 결과를 공유할 수 있는 장터가 있었던 것이다. 목공예는 성미가 급한 사람은 하기 어려운 취미다. 한국에 오기 전에 부다페스트 문창석 목사님 댁에서 뜻밖에도 목판의 서각書刻 작품들을 발견했다. 말씀을 들어보니 근래에 취미로 서각을 시작하셨다고 한다. 내가 보니 이미 단순한 취미의 수준은 넘어선 듯했다. 그리고 그러한 취미가 목사님에게 매우 잘 맞는다는 느낌이 들었다. 평소 목사님을 매우 침착하신 분이라 생각하고 있었기 때문이다. 목사님이 한국에서 목회를 하셨다면, 엄두를 내기 어려운 일이었을 것이다. 그러니까 목각처럼 차분하게 사람 손을 써서 하는 일은, 헝가리에서 가능한, 헝가리 생활에 어울리는 취미라는 느낌을 가지게 되었다.

　코넬리아 집에 가보았을 때, 우리는 코넬리아가 직접 그린 그림이며, 손수 만든 조그만 소품들이 제법 근사한 것을 발견하였다. 그의 페이스북에는 그가 그린 캐리커처가 올라와 있다. 누군지 나는 잘 모르겠는데, 한국 아이돌 그룹 중 한 명이란다. 솜씨가 상당하다.

　한국으로 돌아오기 전날 밤에 안나 가족이 찾아왔다. 그 집에서 전해

준 선물 중에 안나가 그린 우리 내외의 연필화가 있었다. 재미있었다. 내 얼굴과는 좀 다르다고 느꼈지만, 평소 사각공주라고 놀리던 아내의 얼굴은 거의 흡사했다.

이곳의 어른들이며, 이곳의 젊은이들이 이런 그림을 그리고, 저런 조각을 새겨내고, 그런 예술품을 존중하고 있는 모습이 매우 부러웠다. 내가 접한 헝가리 사람의 범위는 그리 넓지 않지만, 이러한 경험들을 통해서 나는 그들을 이렇게 평해 보고자 한다.

'솜씨 있는 민족'

코넬리아의 연필화

김병선, 권현진, 안나의 스케치

헝가리여, 그 문화의 아름다움이여

●네 번째 이야기●

'음악'으로
알던 나라

세계인들에게 헝가리는 어떤 나라로 각인되어 있을까? 나는 오로지 음악의 이름에 나오는 나라로밖에 알지 못했다. 벌써 중고등학교 때부터 F. 리스트의 〈헝가리 광시곡〉이나 J. 브람스의 〈헝가리 무곡〉에는 익숙해 있었다. 그 음악들을 들으며 무언가 쓸쓸한 분위기를 느끼곤 했다. 내 연구 분야와 관련해서는 헝가리 근대 작곡가들이 전래 민속음악을 조사하여 녹음 방식의 채록을 했다는 것을 기억하고 있었다. 그들은 자신들이 수집한 민속음악을 보존할 뿐 아니라, 자신들의 창작에 있어서도 적극적으로 활용했다.

버르토크 벨라Bartók Béla는 에디슨의 축음기가 나온 지 얼마 지나지 않아, 그 무거운 걸 짊어지고 헝가리와 트란실바니아Transylvania 지방을 돌면서 방대한 분량의 민속음악을 채록했다. 코다이 졸탄Kodály Zoltan 역시 같은 일에 종사했고, 더욱이 음악교육에 대한 탁월한 업적으로 오늘날에도 추앙받고 있다. 헝가리 중부의 케츠케메트Kecskemét에는 그의 이름을 딴 연구소가 있는데 그곳에서 연구 · 교육하고 있는 코다이 방식Kodály Method은 세계적으

버르토크 초상이 그려진 1천 포린트 지폐

로도 정평이 나 있는 음악 교육 방식이다.

리스트음악원Liszt Ferenc Zeneművészeti Egyetem에서는 수없이 많은 연주자를 양성해냈다. 내가 좋아하던 미국 첼리스트 야노스 스타커Janos Starker도 이곳 출신이다. 부모는 러시아 출신이지만 그는 부다페스트에서 태어나고 그곳에서 음악교육을 받았다. 내 지인 중에도 리스트음악원에서 플루트를 공부한 사람도, 그 산하에 있는 코다이연구소Kodály Institute에서 음악교육으로 학위를 받은 사람도 있었다. 두 분 모두 기본기가 단단했고, 연주 실력이 출중했다.

헝가리 사람들도 그들의 음악가를 대단히 존경하고 있다. 어느 도시를 가도 길 이름에 그들의 이름이 등장한다. 한동안 버르토크는 1,000포린트 지폐에 자신의 모습을 등장시켰다(이 지폐는 1983년부터 사용되었으나 지금은 더 이상 유통되지 않는다고 한다).

그뿐만 아니라 헝가리에 있는 여러 클래식 음악 방송 중에도 국영 방송은 아예 '버르토크 라디오Bartok Radio'라고 부르고 있다. 헝가리 곳곳에는 그의 행적을 기념하는 표지들이 있는데 그중에 하나가 페치에도 있다. 이 기념 표지판은 키라이Király 거리에 있는 다뉴비우스 호텔Hotel Danubius의 입구에 걸려 있는 것인데, 1923년 10월 30일에 이곳에서 열린 큰 연주회에

코다이센터

버르토크가 다녀갔다는 것과 1965년에 그 패를 설치했다는 것을 기록하고 있다.

코다이 졸탄의 경우에는 페치에 그의 이름을 딴 멋진 연주회장이 세워져 있다. 코다이 쾨즈폰트Kodály Központ, 즉 코다이센터라는 곳인데, 이곳은 문화와 행사를 위한 복합 공간이라고는 되어 있으나 실상은 음악회장으로 활용되고 있다. 대형 음악 홀과 중형 컨퍼런스 홀이 하나씩 설치되어 있다.

당초 2007년에 공모전을 통해 설계와 건축을 하였는데 모두 헝가리 건축가들이 참여했으며, 2010년 11월에 사용 승인이 났다고 한다. 음악당 중에서는 비교적 최근에 완성된 곳으로서 그 완성도가 대단히 높은 편이다. 러시아 노보시비르스크Novosibirsk 출신의 세계적인 바이올리니스트인 막심 벤게로프Maxim Vengerov는 이 코다이센터를 가리켜 '건축의 스트라디바리우스'라고 칭찬했다고 한다. 스트라디바리우스가 바이올린의 최고 봉이듯 건축에서는 코다이센터가 최고라는 뜻이라고 본다. 아니 어쩌면 그 건물 자체를 최고의 악기로 인정하는 표현일 수도 있다. 2011년에는 미디어건축상을 받았고, 2012년에도 공공건물대상을 받았다.

나의 음악당에 대한 경험은 그렇게 적지 않다. 음향에 대해서도 나름 대로 일가견이 있다고 자부하고 있다. 솔직히 말하여 코다이센터에서 나는 정말 세계 최고의 음향을 경험했다. 하지만 코다이센터 웹 사이트에 게시되어 있는 문구를 존중하여, 막심 벤게로프 씨의 표현에 내 판단을 양보하기로 한다.

코다이센터는 한국에서 가장 최근에 지어진 음악당의 하나인 성남아트센터와 비교할 만하다. 성남아트센터의 콘서트홀보다는 규모 면에서 조금 더 큰데, 성남의 음향이 한국에서는 최고에 속하기는 하지만 이곳 코다이센터에 비하면 어림도 없다. 건축 자체의 예술성도 현저하게 차이가 난다. 성남아트센터는 잘 지은 공회당이라면 코다이센터는 예술의 전당이 맞다. 음향은 사실 어느 좌석을 앉더라도 큰 차이는 없다. 뒤쪽에 앉더라도 충분한 음향을 느낄 수 있다. 그것은 아마도 내부의 비대칭적 구조에서 나오는 것이 아닌가 싶다.

마지막으로 리스트 페렌츠를 말하지 않을 수 없다. 오스트리아-헝가리 연합제국 시절에 독일어를 사용하는 마을에서 태어나 사실 헝가리 말은 못했다는 그다. 더군다나 헝가리에서의 활동보다는 유럽의 다른 지역에서의 활동이 훨씬 많았다.

그가 태어난 마을은 후에 국경을 나눌 때에 주민 투표로 오스트리아에 속하기로 결정했다고 한다. 그러나 그는 헝가리인으로서의 민족성을 스스로 느끼고 있었다고 하는 것이 일반적인 평가다. 그의 민족성이 약간의 문제가 되는 것은 사실 그의 이름을 어떻게 부르느냐 하는 것과 관련이 있다. 독일식이라면 프란츠 리스트Franz Liszt가 맞고, 헝가리식이라면 리

◀ 버르토크 기념패

▼ 미디어 건축상

◀ 부다페스트 언드라시 거리에 있는 리스트 기념관. 피아니스트 권현진 씨가 건반을 누르고 있다. 아니 원래 눌려 있다. '레(re)'

스트 페렌츠Liszt Ferenc가 옳다. 그의 이름의 철자는 'Liszt'인데, 이것은 사실 헝가리식 표기다. 헝가리에서는 '/s/'라는 발음에 대응하는 철자가 'sz'이기 때문이다. 그냥 's'라고만 쓰면 오히려 '/sh/'에 가깝게 발음한다. Liszt를 '리스트'라고 부르는 한 그는 헝가리인인 것이다. 그런데 재미있는 것은 liszt라는 헝가리어의 일반명사는 '밀가루'라는 뜻이다. 유명한 독일의 Bach가 일반명사로는 '시냇물'이듯 말이다.

헝가리에서는 아마도 음악가로서 리스트를 최고로 치지 않을까 싶다. 실제로 헝가리 음악가 중에서 세계적으로 음악적 명성을 얻은 것은 리스트 페렌츠이기에 이는 당연하다. 하지만 항상 그가 헝가리 말을 못했다는 것과 결과적으로 그의 출생지가 오늘날의 오스트리아 지역에 있다는 것으로 헝가리 내부에서는 약간의 말이 있기는 한 모양이다. 그가 최고라고 하는 것은 헝가리를 처음 여행하는 외국인들이 쉽게 알 수 있다.

부다페스트에 있는 국제공항의 이름은 원래 페리헤지 공항Ferihegy Airport이었는데 리스트 탄생 200주년을 기념하여 헝가리 국회에서 2011년 3월 16일에 명칭 변경을 의결하였다고 한다. 그러나 여행안내서나 지도, 그리고 내비게이션 애플리케이션 등에서 여전히 옛날 이름을 사용하는 경우가 있다.

헝가리 최고의 음악원 이름도 '리스트 음악원'이다. 이 음악원은 1875년에 리스트에 의해 시작되었다. 원래 그가 시작했던 장소언드라시 거리의 건물은 오늘날 리스트 기념관으로 남아 있고, 현재의 건물은 헝가리 정부에서 구입하여 음악원으로 사용하도록 하였다고 한다.

페치에도 리스트의 흔적이 있다. 페치 바실리카 부속 건물의 2층 난간에 기괴한 모양의 금속성 조형물이 있는데 바로 리스트를 형상화한 것이라고 한다. 사제관의 발코니에서 페치 바실리카를 묘한 표정으로 건너다보고 있는 모습이다. 한 사람의 사제이자 음악가이며, 인간이고 아버지이기도 했던 리스트의 심적 고뇌를 상징하는 듯하다.

부다페스트 리스트 광장에 있는 리스트 동상

　이것뿐만 아니라 헝가리 곳곳에 남아 있는 리스트의 조형물들 중에는 그로테스크한 것이 제법 있다. 바로 리스트음악원 앞의 리스트 광장에 있는 조각상도 그렇다. 특기할 만한 일은, 우리나라의 애국가 작곡가 안익태 선생이 바로 이 리스트음악원에서 수학했다는 것이다. 2012년에는 서울시의 지원을 받아 그의 흉상이 부다페스트 시민공원에 세워졌다. 사실 안익태 선생의 동상 건립에는 우여곡절이 있었다 한다. 당초에는 리스트음악원 경내에 설치하려 했으나, 최종 단계에서 음악원 측의 반대에 부딪혀 현재의 장소에 설치되었다고 한다.

　안익태 선생 이후에도 많은 한국의 음악가들이 이곳에서 공부했다. 사실 요즘처럼 의과대학이 유명해지기 전에는 '헝가리 유학'이라면 다들 음악 공부하러 가는 곳으로 알고 있었던 것이다.

진공관
앰프의 발견

●

'뭐 눈에는 뭐만 보인다'는 말은 참 맞는 말인 것 같다. '세 살 버릇 여든까지 간다'는 속담도 따지고 보면, 취미의 불변성을, 세상 바라보는 태도가 변하지 않음을 뒷받침하는 말로 보인다. 다른 사람은 몰라도 나는 꼭 그렇다. 헝가리에 가서도, 베트남에 가서도, 미국에 가서도, 중국에 가서도……. 세상 어디를 가든 내가 가진 관심은 변하지 않는다.

관심 분야는 여러 가지이지만 그중에서도 오디오나 가전제품 판매점은 꼭 둘러본다. 일본에 가면 꼭 아키하바라秋葉原에 들렀고, 대만에서는 광화상장光華商場을 빠뜨리지 않았다. 미국에 있을 때에도 베스트 바이Best Buy, 서킷 시티Circuit City, 가끔은 라디오 색Radio Shack도 들르고, 심지어는 저 멀리 노스캐롤라이나까지 운전하여 컴퓨에스에이CompUSA를 가보기도 했다. 대형 슈퍼마켓에서도 주로 전자제품 매장 언저리를 맴도는 것이 일반적이다.

옛날에는 한국의 전자제품 수준이 낮아서, 외국 제품은 진열된 것만 보아도 신기해 보였었다. 요 근래에는 한국의 가전제품과 IT 기기가 세계 최고 수준으로 올라서는 바람에, 다른 나라 매장에서는 그냥 한국 제품의 비교 우위를 확인하거나, 아니면 그 나라의 독특한 제품들을 찾는 방식으로 바뀌었다.

헝가리에서도 어제 둘러본 메디어마켓을 오늘 또 가보곤 했다. 그쪽에서는 주방용품이나 소형 가전 등에 독특한 것들이 눈에 띄었고, 한국에서 최근에 혼수품으로 각광을 받고 있는 자동 에스프레소 커피 머신이 한국보다 저렴하여 눈에 들어 왔다. 당연히 헝가리에 도착한 이후 커피 머신을 세일할 때 구매를 망설이지 않았다. 헝가리에서 세일은 확실한 세일이다. 언제든 세일 기간에만 가격 할인이 이루어진다.

그러나 그 어떤 곳에도 참 명품이다 싶은 가전제품은 보이지 않았다. 경제적으로도 어려움이 있는 데다, 또 워낙 헝가리 사람들이 검소하게 살아가고 있기 때문에 그렇게 고가의 제품에 대한 구매력은 없는 듯했다. 오디오의 경우에도 고가의 하이엔드hi-end급 제품은 진열되어 있지 않았고, 5.1 채널의 실용적인 스피커가 전면에 배치되는 정도였다.

그런데 어느 날 메트로METRO에 갔을 때의 일이다. 변변한 하이파이 오디오도 진열되어 있지 않은 전자제품 코너에서 나는 뜻밖에 진공관 앰프를 발견하였던 것이다. 설마……. 설마가 아니었다. 앰프의 포장 박스에는 '메이드-인-헝가리Made in Hungary'라는 글씨가 선명하게 인쇄되어 있었고, '사운드 아트Sound Art'라는 제품명이 붙어 있었다. 회색 알루미늄 케이스로 된 이 스테레오 앰프는 채널마다 진공관이 세 개씩 사용되었으며, 출력은 채널당 15W였다.

사실 진공관 앰프는 대량 생산보다는 주로 주문 생산에 의지하기 때문에 회사의 규모나 자본력은 문제가 아니다. 작은 회사에서도 좋은 제품을 만들 수 있는 것이다. 문제는 진공관의 생산 여부라고 할 수 있다. 저항resistor이나 콘덴서capacitor는 세상에 널려 있기 때문이다.

집에 와서 인터넷을 찾아보니, 맞았다. 헝가리는 진공관 생산 국가였다.

회사의 이름은 텅스람Tungsram이라고 하는데, 한국에서도 알 만한 사람은 알고 있었다. 테스코에서는 이 회사가 만든 또 다른 진공관, 즉 백열전구를 팔고 있었다. 진공관 앰프라는 것은 사실 핵심부품인 진공관만 있으면 웬만한 사람도 조립할 수 있으며, 헝가리의 어떤 웹사이트에서는 오디오 애호가가 직접 조립할 수 있도록 구성된 키트kit 형태의 반제품도 팔리고 있다. 이런 사람들을 위한 조립 관련 정보 제공 사이트diyaudio.hu도 있었다.

자국에서 진공관이 생산되고 있는 데다가 사람들이 손재주도 좋고 성격도 침착해 진공관 앰프 같은 고급 오디오가 제작될 수 있는 충분한 환경이었던 것이다.

진공관 앰프를 헝가리에서만 발견한 것은 아니다. 벌써 10여 년 전에 베트남에 학술답사를 갔을 때에도 '메이드-인-베트남'을 발견했다. 그것은 우리가 머물고 있던 하노이의 작은 모텔 1층 그릴에서였다. 조식을 제공하던 그 그릴에서 바게트 빵과 에스프레소 커피, 그리고 가끔은 쌀국수를 먹는 것도 흥미로웠지만, 동남아라는 지역에 어울리지 않게 근사한 클래식 음악이 배경으로 나왔다. 그런데 그 소리가 유난히 따뜻하고 정겨웠다. 그곳에 매달린 보스Bose 301 스피커의 특성이기도 했지만 그것보다는 앰프의 힘이 클 것이라 짐작했다. 소리의 출처를 찾아가 확인해 보니, 아니나 다를까 그것은 진공관 앰프였다. 컴컴한 오디오 부스에 주황색 불이 들어와 있는 진공관 앰프가 눈에 확 들어왔다. 그릴 매니저에게 확인해 보니, 메이드-인-베트남Made in Vietnam이라고 한다.

그 뒤로 틈틈이 하노이 시내의 전자상가를 뒤져보았지만 진공관 앰프 판매점은 찾을 수 없었다. 대신 변압기 판매점이 유난히 많았다. 트랜스포머변압기는 진공관과 함께 진공관 앰프의 핵심 부품이다. 당시 베트남의 전기 사정은 아주 좋지 못했다. 우리가 머물던 모텔도 비록 베트남의 수도에 있었지만, 수시로 정전이 되거나 아니면 전압이 뚝 떨어지곤 했다. 전압의 변화가 심하면 가전제품에는 독이 된다. 따라서 전압 변화를 견디어낼 수 있도록 안정기를 만드는데, 이때 트랜스포머가 꼭 필요한 것이다.

메트로에서 만난 진공관 앰프의 가격은 40만 원 정도였다. 스테레오 앰프라는 것을 감안하면 비싼 것은 아니었다. 사고 싶었다. 찬바람이 부는 겨울날, 어둑한 해 어스름에 거실의 다른 조명은 꺼두고, 오로지 진공관 앰프의 주황색 불빛만 빛날 때, 찰찰거리는 JBL 같은 스피커 말고, 탄노이Tannoy 오토그라프 같은 질감이 풍부한 스피커를 물려서 브람스의 헝가리 무곡 정도를 듣는다면, 그 이상의 행복이 없지 않을까 싶다. 그게 나의 로망이었다. 헝가리에 살면서 가장 아쉬웠던 것이 집에 들을 만한 오디오가 없었던 것이었다. 아이들이 사놓은 로지텍 2.1채널 스피커를 아이팟iPod에 연결하여 듣는 것이 유일한 낙이었다.

그러나 결국 사지 못했다. 그 뒤 메트로에 갈 때마다, '내 진공관 잘 있나?' 하고 들러보곤 했는데, 몇 개월 지나지 않아 그 앰프는 특별 판매대 쪽으로 옮겨가더니, 또 얼마 지나니 아예 물건 자체가 보이지 않았다. 내가 진공관 앰프를 헝가리에 두고 그 마음만 한국으로 가져온 가장 큰 이유는 그 앰프가 너무 무거웠던 까닭이다. 포장 박스에는 무게가 14kg으로 표시되어 있었다. 파손이 우려되는 고가의 제품을 항공화물로 보낼 수도 없지만, 보낸다 해도 우송료만 제품 가격의 절반에 이르기 때문이었다. 그렇다고 다른 짐도 많은데 그 무거운 것을 끌고 기내에 탑승하는 것도 좀 그랬다.

나는 헝가리인들의 소리에 대한 감각을 믿으며, 소리를 만들기 위한 진지한 태도를 알고 있다. 코다이센터의 판논 필하모닉 오케스트라 연주회에서 그것을 확인할 수 있다. 지방의 작은 도시의 관현악단이지만 그들은 이미 세계적인 수준에 올라 있다. 단원들의 호흡과 연주에 임하는 자세가 칭찬받을 만하다. 무엇보다도 특이한 것은 그들의 조율tuning 풍속이다. 연주 시작 전에 무려 10분 정도를 튜닝하는 데 할애한다. 제1바이

◀ 부다페스트 오페라극장 외관
▼ 부다페스트 오페라극장 객석

올린, 제2바이올린, 비올라, 첼로 그리고 각 관악기로 차근차근 튜닝을 해 나간다. 최고의 소리와 하모니를 이루기 위한 것이지, 그들이 튜닝에 서툴러서 그런 것이 절대 아니다.

그렇다. 내 마음의 진공관 앰프는 여전히 헝가리에 있다. 사실 시청도 해보지 않은 그 앰프에 미련을 두는 것은 좀 미련한 짓일지 모른다. 그러나 그 앰프에는 헝가리 음악적 문화와 장인적 조립 정신이 잘 녹아 있으리라는 기대와 믿음이 있다. 또 다른 헝가리 앰프 브랜드인 히드Heed는 자기들의 홈페이지에서 'Forget Hi-Fi……. Remember music'이란 슬로건을 전면에 배치하고 있다.

'음질만을 추구하지 말고, 음악을 들으세요.'

백 번 맞는 말이다. 오늘날 일부 오디오 애호가들이 단지 하이파이에만 젖어 들어서, 소리만 듣지 음악은 멀리하는 경향이 없지 않다. 헝가리 앰프는 틀림없이 음악을 기대하는 나 같은 애호가의 바람을 저버리지 않을 것이라고 믿고 있다.

내가 어느 날 헝가리에 장기 체류를 하게 된다면, 그때는 한 세트를 장만할 것이다. 재생 음악의 세계에서도 디지털이 판을 치고 있고, 심지어 삼성 같은 대기업이 진공관을 사용한 앰프에 손대고 있지만, 그때까지 헝가리의 그 작은 업체가 제발 살아남아 있기를 기대할 뿐이다.

헝가리여, 그 문화의 아름다움이여

●여섯 번째 이야기●

도자기에
눈을 뜨다

●

우리가 흔히 '도자기陶瓷器'라고 뭉뚱그
려 말하는 공예품은 '도기陶器'와 '자기
瓷器'로 구분된다. 도기는 붉은 진흙을
재료로 하는 것이고, 자기는 하얀 고
령토로 만든 것이다. 재료도 차이가
나지만 만드는 방법도 차이가 난다.
고온에서 굽는 자기가 더 고급에 속하
는 모양이다. 그도 그럴 것이 도자기
전문점에 가 보면 거의 대부분 하얀색
바탕의 자기만 진열되어 있다.

　많은 나라에서 자기들만의 도자기
를 생산한다. 그리고 문양과 색상에서
문화적 독특함을 나타낸다. 그러한 도
자기들은 실생활의 그릇으로 사용되

오바녀 마을의 어느 집 벽에 걸린 접시들.
헝가리 사람들은 접시 장식을 좋아한다.

기도 하면서, 여행객들을 위한 기념품이 되기도 한다. 어떻게 하다 보
니, 우리는 여행지에서 주로 접시plate를 수집하게 되었다. 그 접시에 관
광지의 아름다운 풍광이 그려진 것도, 관광지의 이름이나 좋은 문구가
써진 것도, 특별한 상징적 문양이 있는 것도 있기 때문이다.

헝가리에 도착한 이후에 틈나는 대로 우리의 체류를 기념할 만한
플레이트를 탐구하기 시작했다. 우선 헝가리에 대표적인 몇 가지 브랜
드가 있다는 것을 알게 되었다.

그 첫 자리에는 헤렌드Herend가 자리한다. 영국 왕실에서 그 품질과
예술성을 인정했고, 국제적 수상 경력도 있다는 제품인데 벌러톤 호수
북쪽 헤렌드라는 곳에 본사와 공장, 그리고 전시관이 있다. 오스트리
아를 다녀오는 길에 한번 들러보았으나, 운영 시간에 맞추어 가지 못
해서, 그냥 헤렌드 찻잔에 커피를 마시는 것으로 체험을 대신해 보기
도 했다. 곳곳의 관광지나 주요 도시의 명품 매장에는 반드시 헤렌드
도자기 판매점이 있는데, 도자기 판매점인지, 명품 박물관인지 구분할
수 없을 정도로 휘황찬란하다. 모든 무늬는 일일이 숙련된 도예미술가
들이 직접 그린 것으로서 그 가치는 자타가 공인한 바다. 구매 의사를
가지고 달러를 풍족하게 준비해 가더라도 헤렌드 매장에서는 손이 떨
리는 것이 사실이다. 이유는 간단하다. 최고 명품답게 가격도 무척 높
기 때문이다. 가격표에 '0'이 한두 개 더 붙은 것 아닌가 싶을 정도다.

부다페스트 한인교회 문창석 목사님의 증언에 따르면 심방을 가면
교인들이 목사님 오셨다고 최고의 찻잔을 꺼내 놓는단다. 바로 헤렌드
다. 그런데 혹시나 어디 흠집이라도 날까 봐, 전전긍긍한단다. 워낙 명
품이기에 그렇다. 하지만 혹 찻잔 세트에서 어느 하나라도 손상을 입
는 경우에 본사에 그릇 코드만 알려 주면 동일 제품으로 채워준다고
한다. 물론 소비자 잘못이면 비용은 소비자가 부담해야 할 것이다.

오랜 세월이 지나는 동안 수없이 많은 제품과 모델이 생산되었을

것이지만 그 설계와 디자인을 보관하고 있기 때문에 쉽게 복원해서 만들어낼 수 있다고 한다. 페치에는 관광객들이 많이 찾는 키라이^{Király} 거리에 그 매장이 있다.

두 번째 자리에는 졸나이^{Zsolnay}가 놓인다. 졸나이는 바로 페치의 자랑이다. 페치 시의 중심부에 있는 로터리에는 졸나이 소보르^{Zsolnay szobor}가 있고, 로터리 이름도 그렇게 부른다. 졸나이 조각상이 로터리의 중심에 있기 때문에 붙은 이름이다. 졸나이 빌모시^{Zsolnay Vilmos, 1828~1900}는 조각상의 주인공이면서 동시에 졸나이 도자기 회사의 창업자이기도 하다. 조각상의 중심부 높은 곳에는 그의 조각상이, 아래쪽에는 그 주위로 몇 사람의 장인^{匠人}의

상이 놓여 있다. 아무튼 그가 페치 사회에 너무나 큰 기여를 했기 때문에 도시의 중심부에 그의 조각상을 세우고 거리에 그의 이름을 붙여서 그 업적을 기리고 있는 것이다.

페치의 남동쪽에 있는 졸나이 도자기 공장도 가보았다. 정작 그곳에서 발견한 것은 졸나이 문화센터 Zsolnay Kulturális Negyed였고, 공장은 그 한쪽 귀퉁이에 자리 잡고 있었다. 원래는 그 전체가 공장이었는데, 이를 축소하고 남은 공간을 리모델링도 하고, 또 새로운 건물도 지어서 페치의 문화 중심으로 탈바꿈시킨 것이었다. 페치대학교의 일부 학과 음악과, 커뮤니케이션과 등가 이곳을 캠퍼스로 하고 있으며 소극장도 있다. 미술관과 우주체험관이 있으며 도자기 만드는 체험 센터도 있고, 공장 직영 판매점도 있다.

졸나이는 일반 도자기 외에 장식용품과 건축 자재까지 생산한다. 에오신 eosin이라는 독특한 기법은 금속 등을 이용하여 짙푸른 색상을 입히는 기법이다. 약간은 신비하기까지 한 색상인데, 각종 장신구나 장식품들이 이 기법으로 만들어지고 있다.

페치 시내 세체니 Széchény 광장 남쪽의 마리아교회 앞에 있는 급수대와 크리스털 식당 앞에 있는 분수가 졸나이의 에오신 기법의 작품이다. 부다페스트에는 부다 왕궁 지역에 졸나이에서 제작한 분수가 하나 있으며, 마차시 Mátyás 성당의 지붕 기와도 졸나이 제품이라 한다.

졸나이도 자부심이 대단한 만큼, 제품의 가격도 만만치 않다. 헤렌드처럼 손이 떨릴 정도는 아니지만 그래도 상당히 높은 편이다. 시내 중심부의 씨티은행 바로 옆에도 직영 매장이 있으며, 관광객들의 수요에 응하여 시내 상가 곳곳에 졸나이 중고 제품을 파는 가게들이 있다.

세 번째 브랜드는 홀로하저 Hollóháza다. 헝가리 북부에 공장을 두고 있는 이 회사는 대중적인 브랜드에 속한다. 가격은 졸나이보다 많이 저렴하다. 무늬를 손으로 그리지 않고 프린팅하기 때문이다. 무늬는 주로 녹색과 분홍색 계통인데 그리 고급스럽지는 않고 헝가리적인 소박함을 드러

낸다. 화려함보다는 실용성을 추구하는 제품이라고 할 수 있다. 일반적 자기를 비롯해서 여러 가지 장식품과 생활용품도 생산된다. 페치에는 아르카드^{Árkád} 옆 골목에 그 매장이 있다.

이러한 브랜드 제품 말고, 헝가리인들이 실제의 생활에서 사용하고 있는 또 다른 부류의 접시들도 관광 상품이 되고 있다. 브랜드 제품만큼 완성도가 높거나 매끈하지는 않지만 소박한 문양이 헝가리 전원생활을 느끼게 해준다. 이 접시는 헝가리 민간에서 오래전부터 사용하던 접시의 문양을 되살려 상품화한 것이다. 헝가리 민속상품 쪽에 가까운 공예품들로서 빈티지 스타일이며, 미국의 경매 사이트에도 이러한 제품들이 가끔 올라오고 있다.

이런 유의 접시가 가장 많은 곳은 부다페스트 위쪽의 센텐드레였다. 제품의 질, 무늬의 수준도 다양하며, 가격은 전문 제품보다는 훨씬 저렴했다. 헝가리를 방문한 친지들에게도 이러한 도자기를 사도록 권유했고, 나도 장식용과 선물용으로 여러 개를 구입했다. 부다 성의 관광 상품점에서도 넓은 크기의 접시를 샀고, 후에 부다페스트 언드라시^{Andrássy} 거리의 접시 판매점에서도 여러 개 구입했다. 그중 하나인 다음 사진의 접시는 1732년 무렵에 네덜란드인 접시 기술자들이 헝가리에 정착하여 만든 제품을 모방하여 재현한 것이라고 한다.

헝가리 민속 접시

형가리여, 그 문화의 아름다움이여

●일곱 번째 이야기●

졸나이
구하기

22 헝가리식 차라고 해서 별 특별한 것은 아니지만, 빈 (Wien)에서 마시는 커피가 비엔나커피(Vienna coffee) 가 되듯이 헝가리에서 마시 는 차라고 이해하면 되겠다.

헝가리에서 살면 헝가리식 음식을 먹고 헝가리식 차[22] 를 마신다. 덧붙여 헝가리식 찻잔으로 그 맛을 음미하 는 것도 괜찮을 것이다. 이런 생각으로 가급적이면 메 이드-앳-페치made at Pecs의 찻잔을 구하고 싶었다. 그 품 질도 마음에 들고 한국에 돌아와서도 차를 마실 때마다 페치를 기억할 수 있을 것 같았기 때문이다. 그러니까 '졸나이 구求하기'가 아니라 '졸나 이 구求하기'가 나의 과제가 되었던 것이다.

졸나이 문화센터에 있는 직영 매장에는 정말 여러 차례 갔었다. 지인 들이 페치를 방문하면 빠뜨리지 않고 들르는 코스이기도 했다. 제품 구 경도 하고, 가격도 알아보고, 무늬도 감상해 보았다. 그러나 저렴한 찻잔 세트잔과 잔 받침, 그리고 티백 받침 등 5피스라고 해도 한국 돈으로 10만 원쯤 되는 것이 니 선뜻 사기가 어려웠다. 현지에서 보면 매우 비싸지만, 품질로 치면 그 값을 충분히 하고 있는 제품이었고, 우리로서는 특별한 인연이 있으므로 언젠가는 꼭 사리라 마음을 먹고 있었다. 그리고 그냥 귀국할 무렵에 사는 것으로 정해두었다. 그런데 6월에 우리와 함께 중부 유럽을 여행하였던 최 집사님 내외가 한 세트를 구입하시면서 한 벌을 더 구매하여 우리에게 선물로 남기고 가셨다. 극구 사양했지만 원하던 것을 선물로 받으니 너무 기뻤다. 혹시 손님이 오실 때 필요할지 몰라서 귀국하기 전에 다른 무늬로 한 세트를 더 구입했다.

8월에 다녀가신 이 목사님 내외는 에오신 목걸이를 선물로 사주셨다. 이것은 뜻밖의 선물이었고, 은행잎 모양의 펜던트는 참 독특한 것으로서 아내에게는 더할 나위 없는 장신구가 되었다.

11월 말에도 뜻밖의 선물을 받았다. 함께 동메첵 산을 다녀온 코넬리아 엄마가 우리의 귀국 준비 상황을 물어 왔다. 우리는 당신들이 살고 있는 곳의 문화적 수준이 매우 높으며, 졸나이 제품들이 그것을 잘 말해 주고 있다는 것을 강조하며, 가급적이면 졸나이 제품을 구하려 한다고 말했다. 매우 비싸서 혹시 중고라도 살까 하고, 사실 이곳저곳 페치의 중고물품 판매점을 돌아보고 있었던 무렵이었던 것이다.

그런 말을 해놓고서는 바로 잘못했다는 느낌이 들었다. 평소의 코넬리아 가족의 행동으로 미루어 볼 때, 공연히 부담을 준 것 같다고 아내도 걱정했다. 아니나 다를까 그다음 주 한국어 레슨 시간에 온 코넬리아는 커다란 상자를 건네주었다. 선물이란다. 정말, 거기에는 졸나이가 있었다.

▲ 졸나이 에오신 목걸이 펜던트
◀ 한국의 식탁에 올라온 졸나이
커피세트

에오신으로 페치 세체니Szecheny 광장에 있는 급수대를 축소해서 만든 공예품 한 점이 있었고, 아내를 위한 에오신 목걸이까지 들어 있었다. 페치를 기억할 만한 아주 좋은 기념품이었다. 그러나 너무 부담스러웠다. 그렇다고 돌려보낼 수도 없는 노릇이었다. 결국 그 공예품은 우리 소유가 되어 한국으로 곱게 모셔졌다. 그러고 보니 졸나이 제품들은 모두 선물로 받게 된 셈이다.

12월 첫 주에 열리는 페치 장터에서 나는 마지막 졸나이 도자기를 구하게 되었다. 졸나이 제품은 워낙 평판이 좋아서 중고라고 하더라도 높은 가격을 유지한다. 시내의 중고 상점에서는 신품 대비 70~80%의 가격대를 형성한다. 그러니 마음에 드는 물건이 있어도, 조금 더 주고 새 걸 살까, 그냥 저렴한 중고를 살까 하고 망설이게 된다. 벼룩시장에 나오는 제품들은 종류도 다양하지 않은 데다 가격대도 만만치가 않았다. 게다가 중고 제품을 산다는 찝찝함이라고나 할까 하는 그런 마음이 있었다.

1 졸나이 에오신 분수대 작품
2 장터에서 구한 졸나이 화병
3 안나 네서 받은 접시 목각인형은 페치 장터에서 직접 산 것

그런데 그날은 좀 달랐다. 어떤 판매대에 제법 큰 졸나이 화병이 내 눈길을 끌었다. 그날 나온 졸나이는 오로지 그것밖에 없었다. 그리고 집에 있는 커피 잔과 유사한 꽃문양이 그려진 것이었다. 나는 약간의 흥정을 했고, 곧바로 거래가 성사되었다. 후에 정규 매장에서 확인을 해보니, 아직도 판매되고 있는 종류였으며, 신품 가격은 내가 구입한 가격의 두 배가 훨씬 넘었다. 그것은 결국 횡재였다. 아니 횡재라기보다는 나의 여러 달에 걸친 졸나이 사랑이 아름답게 마무리되는 순간이었던 것이다.

마지막으로 평소 우리의 취향을 잘 알고 있는 안나 네 집에서 우리 귀국을 아쉬워하면서 다양한 크기로 된 접시 세트를 선물로 보내 왔다. 졸나이는 아니었지만 우리가 평소 관심을 많이 가지던 헝가리 민속 접시들이었다. 트란실바니아Transylvania 지방에서 만드는 것이라 하는데, 투박한 솜씨이지만, 거기에 청색 물감으로 헝가리식 문양을 그려 넣은 것이었다. 특히 가장 큰 접시에는 헝가리의 국장과 국가의 첫 부분이 새겨져 있어서 큰 기념이 되었다.

Isten, aldd meg a magyart

(God, bless the Hungarians)
하느님, 헝가리를 축복하소서

그것으로 우리의 도자기 구하기 프로젝트는 대미를 장식하게 되었다.

●여덟 번째 이야기●

박지성을
고대하며

●

영국인들은 정원 가꾸기, 프랑스인들은 만찬 자리에서 와인 마시기, 독일인들은 운동하기-각 나라 사람들이 여유 시간에 어떤 취미 활동을 하는지를 말하는 유명한 얘기다.

헝가리 사람들의 취미는 과연 무엇일까, 여가 시간을 어떻게 보낼까, 외국인이 당연히 가지는 관심사다. 공산권 시절부터 중유럽은 체육으로 이름을 날렸기 때문에 헝가리에서도 그런 모습을 많이 볼 수 있으리라 기대를 했었다. 시간 여유가 되면 헝가리 대평원의 필드에 나가 공도 치고 싶었다.

그런데 여기도 소위 엘리트 체육 정책인지는 몰라도 시내에서는 운동하는 일반인의 모습을 보기가 힘들다. 최소한 길거리에서 조깅이라도 하겠지 싶었는데, 서방에서 온 외국인 학생들 외에는 뛰는 것을 좋아하지 않는 눈치였다. 헝가리가 스포츠 강국에 속해서 수구는 세계 정상급이고, 핸드볼이나 유도도 잘하는 편인데 말이다. 2012년 런던올림픽에서는 메달 수로는 종합 9위의 매우 좋은 성적도 거둔 나라인데 말이다.

그럼에도 불구하고 일반인의 운동에 대한 관심은 그렇게 적극적이지 않은 것 같다. 부다페스트 근교에는 몇 개의 골프장이 있는데, 저렴한 가격으로 오스트리아 여성들에게 인기가 있는 모양이었다. 부다페스트의 호텔에서 골프를 치러 온 오스트리아 단체 관광객도 만난 적이 있었다. 그러나 페치에는 골프 클럽이 없었고 골프채를 파는 곳도 없었다. 제일 가까운 곳은 60km쯤 떨어진 헨체Hencse라는 곳에 있다. 페치에는 오래전에 성 로렌스 골프클럽St. Lorence Golf & Country Club이라는 8홀짜리 필드가 있었으나, 이제는 구글 위성사진으로나 겨우 확인할 수 있을 정도로 황무지가 되어 있었다. 현지인들은 그런 골프장이 있었는지도 모르고 있었다. 하긴 헝가리인들은 운동하는 대신에 직장에 나가고, 뛰는 대신에 농지에 가서 일을 한다는 말도 있기는 했다.

잘 만들어진 등산로는 한산하고, 오르퓌로 넘어가는 고개의 자전거 길에서는 주말에만 그것도 겨우 몇 대의 자전거가 보일 뿐이다. 도시의 공원에도 어쩌다가 개를 데리고 산책 나온 사람만 눈에 띌 뿐, 운동하는 사람은 보이지 않는다. 그런 가운데도 웬만한 동네에는 잔디 구장이 있고, 구글 위성 지도로 확인해보면 페치 시에도 곳곳에 그라운드가 있는 것을 확인할 수 있다. 또 수영장도 인구 규모로 볼 때는 상당히 많은 편이다.

그러한 분위기는 프로 스포츠에서도 찾아볼 수 있다. 헝가리의 프로 경기는 전반적으로 활발하지는 않은 듯하다. 아무래도 경기景氣를 타기 때문이지 않을까 싶다. 공중파에 의한 스포츠 중계는 자국 축구 리그 아니면 F1 그랑프리 정도만 볼 수 있다. 2012년 여름에 우리나라 영암에서 열렸던 F1 그랑프리도 여기 TV로 중계가 되었다.

핸드볼이나 수구, 배구 등의 프로 경기는 케이블 TV의 유료 채널을 통해서 볼 수 있다. 페치에는 헝가리의 자국 프로축구의 1부 리그 팀 PMFC가 있다http://pmfc.hu. 이 팀의 운동장은 우란바로시Uránváros로 가는 시계

▲ 우리 집 발코니에서 바라본 스타디움

▼ PMFC 경기 장면

티 거리의 보비타 파크 정류장 바로 옆에 있다. 총장실이 있는 페치대학교 본부 건물 바로 뒤가 스타디온Stadion 거리고, 바로 거기에 스타디움이 있다. 그러니까 우리가 사는 집에서 멀지 않고, 화장실 발코니로 나가면 운동장의 조명탑이 눈에 다 들어온다.

2012~2013년 시즌이 시작될 때는 대단했다. 아마도 2부 리그에서 막 승격을 해서, 이쪽 팬들이 거는 기대가 컸던 모양이었다. 운동장 주변의 모든 골목은 관중이 타고 온 승용차로 가득 찼고, 골목을 다 내준 우리는 일종의 피해자가 되었다.

스타디움에서 응원하는 함성과 북소리가 우리 집의 창을 울릴 정도로 크고 가까웠다. 응원 음악 중에는 2002년 월드컵에서 우리나라의 응원가였던 '대~한민국'이라는 리듬도 들은 것 같다. 그런데 개막전만 그랬다. 그 뒤로는 관중이 그렇게 많지도 않았고, 빅게임이라고 할 만한 경기에만 관중이 좀 모일 뿐, 그 외에는 자리가 많이 비었다. 가끔은 원정경기를 응원하러 온 외지 차량들도 보인다.

미국에 있을 때 경험해 본 미식축구는 상상 이상이었다. 마침 버지니아텍Virginia Tech대학의 미식축구부가 그전 해에 대학 리그에서 준우승을 한 덕분으로 학교의 랭킹이 수직 상승했다고 하는데, 주말에 경기가 열리는 날에는 그 한산하던 I-81 고속도로에 병목현상이 생길 정도였다. 어떤 이는 하루 전부터 원정경기를 보기 위해 캠핑카를 끌고 와서 자기 팀을 응원하기도 했다. 인구 3만 5천이라는 블랙스버그 시에 있는 4만 명 수용 미식축구 경기장이 만원이 되었다. 들리는 소문에 의하면 미식축구부 감독은 그 대학 총장보다 연봉이 높다고 했다. 관중의 열기가 없다면 그런 현상은 도저히 일어날 수가 없을 것이었다.

PMFC에는 외국인 용병도 있는 것 같았다. 이민국 사무실에는 가끔 프로 운동선수들의 거주 허가증 때문에 오는 사람들이 보였다. 불행히도 이 팀은 여전히 성적이 저조하다. 내가 페치를 떠날 무렵에는 전체 16팀

중 14위였는데, 아무튼 하위 팀으로서 리그 탈락을 면하는 것이 이 팀의 목표인 것 같다.

한번은 TV에서 생중계까지 했는데 그 경기에서도 페치 팀은 3 대 1로 패했다. 운동도 다 돈으로 되는 세상이라, 기업의 기반이 취약한 페치에서는 좋은 선수를 영입하기가 힘든 모양이다. 확실한 것은 아니지만 PMFC는 페치 시의 후원으로 운영되는 것으로 알고 있다.

현재의 성적에도 불구하고 우리 애들이 기대하는 것이 있었다. PMFC가 자국 리그에서 우승을 하고, 플레이오프를 거쳐서 챔피언스리그에 진출을 하게 된다면……. 정말 만일의 경우다. 그리고 박지성의 소속팀이 자국 리그에서 우승을 하게 된다면……. 이것도 정말 만일의 경우다. 드디어 이곳 페치 구장에서 박지성의 모습을 볼 수 있다는 것이었다. PMFC는 홈^{home}이고, 박지성 팀은 원정^{away} 경기가 되겠다. 아니, 만일 PMFC가 박지성을 영입한다면……. 여기 사람들 중에도 축구 팬들은 '지성 팍' 아니 '팍위성'을 잘 알고 있다. '팍위성'은 '박지성^{Park Jisung}'을 형가리식으로 읽은 이름이다.

그러나 이런 아이들의 희망은 그냥 꿈에 불과하지 않을까 싶다.

●아홉 번째 이야기●

고등학교에
가보다

●

헝가리에서는 중고등학교도 아침 일찍 시작해서 오후에 일찍 일과를 마친다. 학교가 파한 후에 아이들이 몰려다니는 일도 드물지만, 혹 길거리에 멈춰 서서 이야기라도 하는 아이들은 내가 그곳을 지나가려 할 때 다들 비켜 준다. 물론 서로 지나칠 때에도 상대방을 배려하여 될 수 있는 대로 한쪽에 붙어서 간다. 아무리 동양인이라고는 해도 제법 나이가 든 사람이니 존중해주나 보다 하는 생각이 든다.

설립자 러요시 대왕상

이목구비가 동양인보다 선명하고, 그래서 그런지 좀 강한 인상을 주는 틴에이저들이, 그리고 더러는 불량기가 있어 보이는 아이들조차도 이처럼 길을 비켜주는 것을 보면 의아하다는 느

너지러요시 김나지움 반별 합창 발표회

낌이 들 정도다. 대체로 헝가리 젊은이들은 예의를 잘 지키는 편이었다. 워낙 치안도 좋지만 공연히 철없는 어린애들과 부딪힐 일이 없었다. 나는 이 젊은이들의 공손함이 어떻게 생겨난 것인가 매우 궁금했다.

　11월에 코넬리아가 자기 학교에 우리를 초청했다. 한국으로 치면 반별 합창경연대회가 열리는 날이었다. 코넬리아의 학교 너지러요시 김나지움Nagy Lajos Gimnázium은 페치 중심부의 세체니Szecheny 광장 위쪽에 위치하고 있었다. 학교 이름에 사용된 너지러요시는 헝가리의 유명한 왕의 이름으로, 러요시 대왕이란 뜻이다. 말하자면 왕립학교인 셈인데, 오늘날에는 왕이 없으니 그냥 공립학교로 운영되고 있다. 코넬리아는 이 학교의 12학년 학생으로 과학반 소속이다.

아침 8시부터 대회는 시작되었다. 우리 내외는 코넬리아 부모의 안내를 받아서 관객들^{대부분이 그 학교 학생들} 사이를 비집고 들어가 약간 뒤쪽에 자리 잡았다. 사실 일반 관객은 거의 없었고, 학부모로 보이는 사람들이 조금 보일 뿐이었다. 이국인의 방문에 주변의 학생들이 약간 신경을 쓰는 듯했으나, 이내 행사에 집중하였다.

한 반이 20여 명^{많으면 30명이 약간 넘었다} 정도인데, 자기들 순서에 무대에 올라서는, 세 곡을 불렀다. 첫 번째 곡은 헝가리 전통 민요, 두 번째는 돌림노래^{캐논}, 세 번째는 자유곡이었다. 출연자들은 나름대로 의상을 갖추어 입고, 악기 연주자를 대동하여 나왔다. 더러는 율동도 했고, 연출도 있었다. 악기는 기타나 목관악기들이 많았다. 그리고 합창은 훌륭했다.

무엇보다 중고등학생들이 자기들 민요를 부르는 일이 너무도 기특했다. 헝가리 근대음악의 아버지들이 자기들의 민속을 존중하고, 이를 열심히 수집하여 정리한 덕분일 것이다. 모두 30개에 가까운 반에서 각기 다른 민요를 부른다는 것도 신기했다. 한 반의 무대가 끝나면, 열심히 박수를 치고, 약간의 술렁임이 있었지만, 진행하는 넉넉한 체격의 음악 선생님이 다음 순서를 얘기하면 곧바로 조용해졌다. 이 학교 모든 반 학생들이 다 무대에 서는데도 불구하고, 청중의 자세는 거의 흐트러지지 않았다. 정말 여러모로 우리나라와 대조되는 합창대회였다.

노래는 잘 불렀다고 할 만하다. 필자가 합창음악에는 조예가 없지 않으니, 내 평가는 믿어도 좋다. 아이들은 자연스러운 발성^{natural voice}을 하고 있었다. 인근 국가인 오스트리아의 빈^{Wien} 소년합창단이 고운 소리로 노래하는 것에 비하면 좀 거칠다고 할지 모르겠으나, 소리를 시원스럽게 내는 것 자체가 좋았다. 그것은 가창에 대한 아이들의 자신감을 나타낸다. 특이할 만한 것은 각 반에서 학생들만 나오는 것이 아니라, 담임선생님이나 보조교사들이 함께 출연하는 것이었다. 그들은 합창도 했고, 악기도 연주했다. 따로 교사들만의 순서도 있었는데, 훌륭한 화음을 들려주었다.

한국의 상황을 아는 나로서는 여간 부러운 것이 아니었다. 고등학교에서 음악은 과목명만 남아 있는 경우가 많다. 그것도 요즘에는 미술이나 음악 중 하나를 선택하라고 되어 있다. 입시에서 소외되어 있는 음악 시간은 영어나 수학 같은 주요 과목을 위해 희생해야 한다. 그러니 민요를 배울 틈도 없을 뿐 아니라, 세계의 음악에 대한 이해의 기회도 배제되어 버렸다. 정서의 순화와 예술적 교양의 함양은 그냥 허울 좋은 교육 목표에 불과하게 되었다.

미국에서도 음악교육이 중요하게 이루어졌던 것을 기억한다. 중학교에서도 하루에 한 시간씩은 체육 시간인데, 음악 시간도 그에 못지않게 운영된다. 아이들은 기악 혹은 성악을 선택한다. 기악을 선택하면 자기 학년의 오케스트라 멤버가 되고, 성악을 선택하면 자기 학년의 합창단 멤버가 된다. 학기 말이면 공회당이나 학교의 대강당에서 발표회를 한다. 학생들이 한 학기 동안 얼마나 성장했는지를 학부모와 더불어 서로 확인하는 시간을 가지는 것이다. 초보자 그룹의 오케스트라가 먼저 연주를 하고, 이어서 중간 단계의 오케스트라가 연주를 한 다음에, 최상급의 연주가 이어진다. 그 실력은 단계별로 확연히 구별된다. 그리고 그러한 연주회를 통해서 학부모라면 누구라도 자기 아이의 연주 수준이 어떻게 발전해갈 것인지를 감각적으로 확인하게 된다.

우리 큰애 여름이는 초등학교 때부터 클라리넷을 배웠는데, 미국 중학교에서도 오케스트라에 참여했다. 실력이 괜찮았는지 조금 지나니 첫 번째 좌석을 배정받았다. 이러한 학교에서의 음악적 활동은 대학을 가는 데 있어서 중요한 평가 요소가 된다. 그리고 결국 그러한 교육을 받은 학

이 학교는 1687년에 설립되었다. 2012년은 325주년 되는 해이다.

생들이 고전음악의 연주회장에 주요 청중으로 자리하게 되는 것이다. 수준 높은 관객의 양성에 있어서는 학교의 음악교육만큼 절대적인 것도 없을 것이다.

음악이 살아 있는 헝가리에서는 학교 교육을 통해서 자신들의 음악을 후세대에 전수하고 있으며, 그러한 교육을 받은 학생들은 음악을 이해하고 향수할 수 있는 능력을 부여받는다. 비록 헝가리 역시 대학 입시에 대한 학업의 부담이 없지는 않으나 그에 못지않게 예술 교육도 충실히 수행하고 있다는 것을 확인할 수 있었다. 그러한 예술 교육이 확실한 효과를 거두어서 헝가리 학생들의 품성이 순수해지고, 교양의 수준도 높아진 것이라고 생각되었다. 그것만은 아니겠지만, 아이들의 태도는 그들에 대한 교육의 효과라고 할 수 있을 것이다.

헝가리여, 그 문화의 아름다움이여

●열 번째 이야기●

페치대학교
강단에 서다

●

내가 헝가리에 파견된 일차적 목적은 문학작품에 대한 계량적 분석의 수준을 어떻게 높일 것인가를 연구하는 것이었다. 강의와 학생 지도의 부담에서 벗어나 연구에 전념할 수 있게 된 것이다. 그러나 한편 내가 따로 설정한 목표가 하나 있었으니, 그것은 헝가리 학생들에게 한국어를 가르치고 한국 문화가 어떤 것인지를 가르쳐 주는 것이었다.

페치대학교에서 한국을 알리다

페치대학교의 인문대학에서는 나에게 한국어 강의를 할 수 있는 기회를 주었다. 학점이 부여되는 과목은 아니었지만, 초급반과 중급반을 각각 한 클래스씩 개설하였다. 이미 그 전전 해에는 한국외국어대학교 헝가리어과의 박수영 교수가 안식년 기간에 한국어 강의를 하신 바 있고, 이어서 우리 연구원에서 부다페스트 엘테대학에 파견하였던 한국어 강사도 강의를 했다. 매주 화요일과 수요일 오후 2~3시 반, 4~5시 반 해서 총 6

시간이 배정되었다. 매 학기 학생들은 7~8명 정도가 수강하였다.

수강 학생들 대부분은 한국어를 처음 접하는 학생들이었다. 나는 한국어와 한글의 특성으로부터 시작해서, 자음과 모음 쓰기, 음절을 쓰고 읽는 방법 등을 가르쳤다. 그리고 국립국어원에서 발간한 '외국인을 위한 한국어 교재'의 전자 파일을 받아, 그것을 교재로 사용하였다. 그것은 주로 한국을 처음 방문하는 여행자를 위한 '생존 한국어survival Korean' 교재라고 할 수 있는 책이다.

교재의 내용과 관련하여 한국 문화나 사회 상황에 대한 설명도 곁들였다. 물론 헝가리의 경우와 비슷한 점을 많이 언급하였다. 서울의 지하철 얘기가 나오면, 부다페스트의 지하철 시스템과 견주어서 설명하였다. 한국어와 헝가리어의 유사성에 대해서는 사실 나 자신이 헝가리어를 잘 모르기 때문에, 우리 아이들로부터 힌트를 받아 조금씩 언급하는 정도였다. 교재만으로는 설명이 부족한 점이 많아서, 여러 가지 참고가 되는 자료를 인터넷으로 확보하기도 하고, 내가 직접 만들기도 해서 학생들에게 제공하기도 하였다.

두 번째 학기에는 기초반 강의를 하는 한편, 학생들에게 한국어능력시험인 토픽TOPIK 공부에 대해서도 강의를 하였다. 인터넷으로 제공되는 기출문제를 프린트해서 모의고사 형식으로 풀어보도록 하였고, 시험 후에는 정답을 맞추어보고, 문제와 관련된 문법적 지식을 설명하기도 하였다.

나는 학생들이 한국어에 대해서 관심을 가지는 것 자체가 고마웠다. 그래서 나름대로는 열심히 자료도 준비하고, 흥미를 가질 수 있도록 노력해보았다. 특히 어휘에 대한 자료가 부족하다는 것을 절실하게 느끼고 500개 정도의 기본 어휘를 추리고, 거기에 영어로 간략한 풀이를 달아서 학생들에게 나누어주기도 했다. 기말 과제로는 한국어로 수필 쓰기 혹은 일기 쓰기를 요구하였다. 이제 겨우 읽고 쓸 줄 알고, 한국어 사전 사이트에서 검색하는 법을 방금 알게 된 학생들이라서 몇 가지 기본적인 문장

정도만 익힌 상태였지만, 그래도 한번 도전해보라는 취지였다. 물론 구글이 제공하는 번역기를 쓰는 것에 대해서는 내가 모른 체하기로 했다. 학생들은 그런대로 이 과제를 잘 수행하였다.

헝가리 젊은이들이 한국어에 관심을 가지게 된 것은 역시 한류韓流의 영향이었다. 웬만한 학생이라면 한국의 몇몇 아이돌 그룹을 알고 있었고, 심지어는 그룹에 속한 가수들의 이름과 인적사항에도 익숙해 있었다. 당연히 그들의 노래도 잘 불렀다. 비록 말의 뜻은 잘 모르는 채로 말이다. 하긴 내가 영어에 관심을 가지게 된 것도 학창 시절에 미국 팝송을 즐겨 들은 덕분이기도 했다. 무슨 뜻인지는 잘 몰라도, '스카보로의 추억Scarborough Fair'이나 '험한 세상의 다리가 되어Bridge over Troubled Water'를 열심히 외웠던 기억이 있다.

헝가리 성인들은 헝가리 국영 TV에서 방영한 한국 드라마를 잘 알고 있었다. 특히 '대장금'이나 '동이' 같은 역사 드라마가 현지 사람들의 관심을 많이 끌었는데, 내가 체류하는 동안에는 '이산'이 방영되었다. 혹시 내가 한국 사람이란 것을 알면 이 드라마에 대해 궁금한 점을 물을 것만 같아서, 인터넷에서 파일을 받아 열심히 공부해두기도 했다. 말하자면 나는 스스로 한국어와 한국 문화의 전도사라고 자임하고 있었던 것이다. 특히 페치에 살고 있는 유일한 일반 한국인으로서 나의 일거수일투족이 한국에 대한 인상을 좌우한다고 생각하여 신중하게 행동하였다.

그러나 나의 한국 전도사 역할에는 몇 가지 아쉬움이 남았다.

첫째가 언어 문제였다. 한국 사람이 헝가리 사람에게 한국어를 가르치면서 영어로 수업을 했던 것이다. 내가 만일 헝가리어로 강의를 했다면 더 많은 학생이 수업을 들으려 했던 것으로 알고 있다. 영어는 나에게도 그들에게도 모국어가 아니었다. 나는 사실 영어 강의에 처음 '도전'한 것이었다. 무식하면 용감하다는 말이 맞았다. 내가 만일 영어를 모국어로 하는 학생들에게 영어로 강의했다면, 스스로 주눅이 들어서 정말 힘들었

한국어 클래스의 학생들과 페치대 식물원에 갔다.

을지도 모른다. 헝가리 학생들은 나의 무모한 도전을 많이 인내해주었다. 그리고 나는 나대로 언어가 단지 말의 문제만은 아니라는 것을 확인하는 계기가 되었다.

둘째는 교재 문제였다. 사실 헝가리 학생에게 한국어 교재를 구입하도록 하는 것 자체가 무리였다. 현지에서 만든 교재는 없고 한국 교재를 써야 하는데 너무 비쌌다. 정말 국립기관에서 무상으로 받아 쓸 수 있는 개방적 교재가 있어야 한다고 절실하게 느꼈다. 아울러서 한국어 어휘 학습을 도와주는 적절한 교재를 찾기도 어려웠다. 결국 귀국하면서 내가 헝가리에서 만들었던 자료를 바탕으로 하고, 그곳 강의 경험을 살려서 한국어 학습용 어휘 교재를 만들어야겠다는 결심을 굳히게 되었다.

학기 말에는 우리 집에 학생들을 초대하여 한국 음식에 대한 경험을 하도록 하였다. 김밥이며, 돼지불고기, 잡채 그리고 김치를 뷔페식으로 내놓았는데 젓가락질이 서툰 가운데도 맛있게, 그러나 적당히 먹었다. 학생들은 나에게 고마움을 표하기 위해서 초콜릿과 화분도 선물로 가져왔다. 거기 조그만 카드에 서툰 한국말로 '선생님, 감사합니다'라는 글귀가 적혀 있었다. 우리나라와 우리말이 고마웠다.

한국어 개인 교습

페치대학교에서 한국어를 가르치는 한편, 별도로 두 명의 고등학생에게 한국어 개인 교습을 했다. 안나는 모하치에 사는 여학생인데, 그가 아버지를 따라 벨기에서 거주하는 동안에 거기 있는 한국 사람에게 한국말을 이미 배운 적 있는 상태였다. 헝가리로 돌아와서는 한국대사관에 연락을 해서 페치에서 한국말을 배울 수 있는 방법을 찾아보다가, 부다페스트 한인교회에서 알려준 대로 페치 학생 교회를 찾아왔던 것이다. 정말 깜짝 놀랄 정도로 이 학생은 한국말을 잘했다. 한국 학생들이 모두 다 신통하게 여기는 상태였고, 그중 한 학생이 개인지도를 해주고 있었다. 결국 안나는 내가 지도를 하게 되었다.

또 하나는 코넬리아인데, 그 엄마와 함께 시내 중심부의 슈퍼마켓에서 내 아내를 만나 한국말을 배우겠다고 간청을 해서 결국 나와 만나게 되었다. 모녀가 그전 해에 중국을 가보았고, 그 엄마는 오래전에 북한을 방문했었다고 하는데, 동양에 대한 많은 관심을 가졌고, 한국어 공부에도 매우 열심을 냈다.

두 학생은 한국어에 많은 진보를 보였다. 안나는 내가 테스트해 보니, 토픽 3급 수준은 될 수 있을 것 같았는데, 그해 10월에 본 시험에서 아깝게도 1점 차이로 3급을 놓쳤다. 코넬리아는 고3으로서 학교 공부도 매우 바쁜 가운데도 일주일에 두 번씩 꼬박꼬박 찾아왔다. 한국말 한마디도 모르던 학생이었지만 한 3개월 가르치고 보니, 토픽 2급은 충분히 딸 수 있을 것 같았다. 그래서 다음 해 시험에는 한번 도전해보라고 권유하였다.

그리고 이들에 대한 한국어 교육은 거기서 끝나지 않았다.

학생들과 대화를 하면서 나는 헝가리 공부를 한 셈이었다. 내가 잘못 알고 있는 헝가리도 많이 수정되었고, 몰랐던 사실들을 알게도 되었다. 더욱이 이 학생들 가족과 교제를 하게 되고, 서로의 진심이 통하게 된 것은, 정말 한국어가 매개가 되었던 것이다. 고마운 한국어였다.

◀ 부다페스트의 주헝가리 한국대사관
▼ 부다페스트의 KDB은행의 성탄행사

5

헝가리여,
그 정신의
고귀함이여

●첫 번째 이야기●

팍스 로마나와 페치

●

페치에는 오래전부터 사람의 집이 있었다. 고고학적인 발굴의 결과 6천 년 전부터의 흔적을 찾을 수 있다 한다. 다른 곳에서 페치를 방문한 사람이라면 누구라도 '그래, 이곳에는 오래전부터 사람이 살았을 거야'라는 생각이 들 것이다. 넓은 들판을 달려오다 지칠 무렵에 메첵 산을 발견하면, 그 산록에 쉼터를 정하고 싶지 않겠는가? 북쪽에서 불어오는 거친 바람은 이 메첵 산이 막아 준다. 산기슭에 거처를 정하고 눈을 돌려 바라다보면 기름진 평야가 남녘으로는 드라바 강까지, 동쪽으로는 두너 강까지 질펀하게 펼쳐져 있는 것을 보게 된다.

역사에서 이 지역이 등장하는 것은 기원 무렵에 페치가 로마제국에 편입되면서부터라고 한다. 즉, 팍스 로마나^{Pax Romana}의 시기에 페치의 문화는 시작된 것이다. 그 당시에 이 지역은 판노니아^{Pannonia}라는 로마 속주의 한 도시로서, 소피아나이^{Sopianae}라는 이름으로 불렸다. 헝가리의 사업체나 상품의 이름 중에는 이와 같은 로마제국 시대의 지명을 활용한 경우가 많다. 페치를 중심으로 운영되는 시외버스 회사 이름은 '판논 볼란^{Pannon}

로마제국과 판노니아. 부다페스트(아퀸쿰)와 페치는 아래 판노니아에 속했다.

_{Volán}'이며, 코다이센터 전속 오케스트라는 '판논 필하모니 오케스트라'라 칭한다. 헝가리 생산 담배 중에는 소피아나이라는 이름의 담배도 있다.

판노니아는 오늘날의 헝가리, 오스트리아 및 구유고연방의 북부를 아우르는 지역에 퍼져 있다. 남쪽으로는 달마티아_{Dalmatia}와 경계를 이루고 있고, 동쪽으로는 다뉴브 강을 경계로 하고 있었다. 이 다뉴브 강은 대단히 중요한 국경으로서 로마제국에서는 이 강을 따라 국경 수비대를 배치했다.

페치에는 4세기 무렵부터의 로마 유적이 남아 있다. 4세기 무렵이면 판노니아 발레리아_{Valeria} 주의 주도였다. 어귀에 비둘기와 대화를 하고 있는 성 프란시스_{Saint Francis}의 동상이 세워져 있는 페렌체섹_{Ferencesek} 골목에는 로마인들의 목욕탕 흔적이 있다. 영국에 남아 있는 바스_{Bath}의 규모에는 비길 수 없이 작은 것이지만 로마인들의 목욕 관습을 충분히 짐작할 수 있는 유적이다.

　더 확실한 로마 유적은 초기 기독교인들이 믿음을 지켜 간 자리다. 그
들은 살아서는 아름다운 예배 처소에서 신앙생활을 했고, 죽어서는 그곳
지하 묘지에 자신의 육신을 남겼다. 이처럼 초기 기독교인들의 삶과 믿
음을 보여 주는 그 지하 공동묘지는 2000년 12월에 유네스코 세계문화
유산으로 등재되었다.

▲ 페치에 있는 로마제국 시대의 우물과 목욕탕 유적. 최정훈 사진
▼ 지하 무덤의 부조상

　2세기 이상 계속된 고고학적 연구를 통해 수많은 묘지와 유물이 발굴되었으며 지금은 하나의 박물관으로 운영되고 있다.

　지하 묘지의 벽은 에덴동산, 사자와 맞선 다니엘, 흰옷을 입은 예수 등이 부조 형식으로 장식되어 있다. 이 지하 묘지는 초기 로마제국의 기독교 공동체의 믿음을 잘 나타내고 있고, 그 유적 위에 세워진 페치 바실리카는 현대 헝가리 기독교 공동체의 신앙을 잘 반영하고 있다.

　헝가리 주변 나라들을 여행하면서 깨달은 것이 있다. 아무리 발버둥치고 돌아다녀도 그 지경은 고대 로마제국의 영역 안쪽일 뿐이라는 사실이었다. 세르비아의 다뉴브 강변의 길을 달려보니, 거기에도 군데군데 로마 수비대의 흔적이 있었다. 거기서는 신약성경의 바울 서신에 나오는 소위 '로마 시민권'이라는 것의 현물도 확인할 수 있었다.

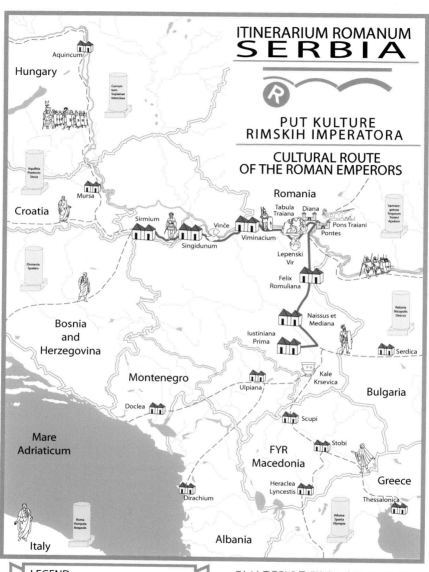

ITINERARIUM ROMANUM
SERBIA

PUT KULTURE
RIMSKIH IMPERATORA

CULTURAL ROUTE
OF THE ROMAN EMPERORS

Hungary
Aquincum
Carnuntum Sopianae Intercisa

Croatia
Aquileia Poetovio Siscia
Mursa

Romania
Sirmium
Vinče
Singidunum
Viminacium
Tabula Traiana
Diana
Pons Traiani
Pontes
Sarmizegetusa Tropaeum Traiani Apulum

Domavia Spalato

Lepenski Vir

Felix Romuliana

Bosnia and Herzegovina

Iustiniana Prima

Naissus et Mediana

Ratiaria Nicopolis Oescus

Montenegro

Ulpiana

Kale Krsevica

Serdica

Doclea

Bulgaria

Mare Adriaticum

Scupi

FYR Macedonia

Stobi

Greece

Heraclea Lyncestis

Thessalonica

Dirachium

Athena Sparta Olympia

Roma Pompeia Neapolis

Italy

Albania

LEGEND
Roman fort
Roman city
Helenistic site
Mesolithic site
Neolithic site

오늘날 중유럽에 존재하던 로마제국의 문화 행로

그 당시 아퀸쿰Aquincum이라고 불렸던 부다페스트의 오부다Óbuda 지역에는 로마식 메인스트리트가 있었다. 거기에 기초 부분만 남아 있는 로마 제국 원형경기장에는 1만 6천 명이 운집할 수 있었다. 이번에 가보지는 않았지만 6년 전에 방문했던 독일의 본Bonn에도 로마인들은 주거의 흔적을 남기고 있었다. 바다 건너 영국에 가보아도 그들의 목욕탕은 위용을 자랑하고 있었다. 로마제국의 황제 콘스탄티누스Constantinus 일세가 기원후 3세기에 기독교를 공인한 이후 기독교는 널리널리 퍼져 나갔고, 페치는 그중에서도 하나의 중심이 되었던 것이다.

성 이슈트반Szent István 국왕이 가톨릭을 국교로 받아들였을 당시부터 페치 성당은 가톨릭 주교좌성당이었다. 말하자면 종교의 종류는 바뀌지 않은 채, 종교의 신봉자들은 로마제국의 시민으로부터 마자르족으로 바뀐 것이다. 2009년은 바로 꼭 그때로부터 1,000년이 되는 해였다. 비록 로마제국은 이미 오래전에 사라져버렸지만, 팍스 로마나는 로마 가톨릭으로 대치되어 오늘까지 이어지고 있다. 비록 150년간 오스만제국Osman Türk의 지배 아래 있었던 적도 있었지만, 페치의 신앙적 전통은 오늘날까지도 견고하게 잘 지켜지고 있다.

초기 기독교인들의 믿음의 견고함이 그들의 지하 묘지에서 잘 나타나고 있다면, 테티에Tettye 공원에 세워진 예수님 십자가상은 오늘날 페치 시민들의 신앙을 잘 말해 준다. 거친 석회석 바위 위에 세워진 십자가를 멀리서 바라다보면 그곳이 정말 골고다 언덕이 아닐까 싶다. 가까이 가보면 거의 실물 크기의 이 동상은 T자 형의 형틀에 매달려 있다. 거기 한 사람의 깡마른 젊은이가 달려 있다. 머리에는 가시관이 씌워 있고, 양손에는 못이 박혀 있다. 몸은 축 늘어져 손이 거의 찢겨 나갈 지경이다. 장시간의 고통 끝에 예수님의 고개는 푹 숙여 있다. 이 십자가상의 압권은, 창으로 찔린 허리에서 몸의 모든 액체가 다 빠져나가, 결국에는 텅 비어버린 복부를 묘사한 모습이다. 그 앞에 서면 모든 언어적 표현은 녹아버리고 만다.

종교가 살아 있다, 신앙이 움직인다

●

귀국을 앞두고 새로 이사한 아파트는 이전 연립주택보다 우선 따뜻해서 좋았다. 지역난방의 혜택을 보는 데다가, 중간층이어서 열 손실이 매우 적기 때문이다. 여름철에는 어떨지 모르지만 낮에는 햇볕이 방 깊숙이까지 밀려드니 오히려 덥다는 느낌도 들었다. 바로 앞에 유치원이 있지만 아이들 소리는 아파트까지 들리지는 않는다.

그런데 단 하나 이 조용하고 따뜻한 공간에 엄청난 침범자가 있었다. 다름 아닌 바로 인문대 앞에 있는 성당의 종소리다. 북쪽 주방의 식탁에 앉으면 그 성당의 종탑 두 개가 정면으로 보인다. 둘째가 쓰고 있는 방도 북쪽이니 그 방에서도 종탑의 위용을 충분히 볼 수 있다. 시간에 맞추어 울리는 종소리의 엄청난 진동은 이중으로 된 유리창을 가볍게 통과하여 집 안으로 들어온다. 소리가 만만치 않다. 만일 그냥 아무 준비 없이 넋놓고 있다가는 깜짝 놀랄 정도의 크기다. '땡그랑 땡그랑'이 아니고, 중저음으로 '덩그렁덩그렁' 한다.

종소리!

성당의 종소리!

이제 한국에서는 거의 들을 수 없다. 옛날에는 모든 교회나 성당이 종을 쳤고, 전자식 확성장치가 등장한 이후에는 찬송가나 벨소리가 스피커로 울려 나가기도 했다. 개신교 교회에서는 예배 시간을 알리고, 천주교 교회에서는 예배 시간과 기도 시간을 알리는 것이었다. 밀레J. Millet의 〈만종〉저녁 종이라는 유명한 그림에는 가난한 내외가 들에 일하러 나왔다가 저녁 무렵에 두 손을 모으고 기도하는 모습이 그려져 있는데, 그들은 저 멀리 지평선 부근에 그려진 교회에서 울려오는 종소리를 들었을 것이다.

종소리는 거의 교회의 상징처럼 생각되었다. 하지만 어느 때부터인가, 한국의 종소리는 차츰 자취를 감추기 시작했다. 도시 소음이라는 민원이 끊임없이 제기되면서 교회는 그 민원을 이겨낼 수가 없었다. 그런데 그 사라졌던 종소리를 이 헝가리 땅에 와서 다시 듣게 된 것이다. 성당마다 건물에 종탑이 이어져 있고, 심지어 시청사Városház에서도 시간을 알리는 차임이 울려 나왔다.

지난여름에 부다페스트 여행 중에 성 이슈트반Szent István 대성당을 들른 적이 있다. 평소에도 많은 관광객들로 붐비는 곳이었지만, 마침 그날은 그 성당의 축일 행사가 열린 날이었다. 1862년에 건립되었으니 꼭 150주년이 되는 해였던 것이다. 각지에서 온 순례자들이 성당 안을 발 디딜 틈이 없을 정도로 가득 채우고 있었다. 동행했던 은퇴 목사님이 깜짝 놀라셨다. 일반적으로 유럽의 교회들이 신교나 구교를 막론하고 쇠퇴해가고 있는데 이곳의 교회는 다르다고 말이다.

헝가리는 초대 국왕인 이슈트반이 기독교 국가의 기틀을 잡았는데, 로마 가톨릭 교황청은 사후에 그의 업적을 심사하여 그를 성자의 반열에 올려놓았다. 성 이슈트반 대성당에서는 예수님과 그의 십자가보다는 성인의 조각상이 더 잘 보인다. 성당 제단의 중심부에 조명을 받고 있는 것은 바로 그의 상이다. 그 외에도 헝가리 왕가에서는 수녀가 된 머르깃

성 이슈트반 대성당 내부. 중앙의 조각상은 예수님이 아니라 이슈트반 대왕상이다.

Margit 공주나 빈민 구제의 성녀 에르제벳Erzsébet 왕비 등 기독교의 인물들이 적지 않게 나왔다. 성 겔레르트Gellért 같은 가톨릭의 순교자 외에, 개혁교 회에서도 믿음을 지킨 많은 순교자들이 나왔다.

　신앙의 선조들의 업적과 순교의 피는 이 나라의 종교적 기초를 굳건히 다져 놓았다. 그들은 오스만제국^{Osman Türk}의 점령 아래에서도 신앙의 불씨를 결코 꺼뜨리지 않았다. 페치 중심부 세체니^{Szecheny} 광장의 모스크 건물도 사실은 가톨릭 성당이다. 비록 150년간의 침략을 받았고, 그로 인해 도시의 중심부를 이슬람 모스크에게 내줄 수밖에 없었으나, 국토를 회복한 후 헝가리인들은 그 사원을 다시 가톨릭 성당으로 바꾸어 놓았다. 그러한 그들의 정신이 헝가리 국가(國歌)에도 나온다. 국가를 부르면서도 결코 터키의 침략을 잊지 않는 것이다.

　헝가리의 종소리는 헝가리의 신앙의 힘을 나타낸다. 현재 로마 가톨릭 교인이 인구의 절반을 넘고, 개혁교회 교인이 20%에 가까운 이 나라에서는 이 종소리에 대해서 소음 민원을 제기할 사람이 없을 것이다. 따라서 그 종소리는, 그리고 종소리의 크기는 바로 이 지역에서의 종교의 영향력을 상징한다.

페치 세체니 광장의 모스크 성당

페치 바실리카. 최정훈 사진

헝가리여, 그 정신의 고귀함이여

●세 번째 이야기●

병원을
경험하다

●

'집 떠나면 고생이다'라는 우리 속담이 있다. 객지客地는 홈그라운드에 비해 여러 가지가 불편하다. 그걸 고상하게 객고客苦라고 한다. 특히 언어도 제대로 통하지 않는 이국땅에서는 절대 아프지 말아야 한다. 만일 아파서 병원이라도 가게 되면 어디가 어떻게 아프다는 표현을 할 수 있어야 한다. 그리고 외국에서의 의료비를 감당할 수 있는 대책을 세워놓아야 한다.

미국에 갈 때는 비자의 요건을 맞추기 위해서 어른들은 각각 최대 5만 달러까지, 아이들은 각각 최대 3만 달러까지 보장되는 의료보험을 미리 들어야만 했다. 만일 미국 땅에서 불행히도 운명하게 된다면, 그 시체를 고국으로 운구하는 비용까지 포함되어 있으니, 보험료가 장난이 아니었다. 하긴 미국 사람 중에도 보험이 없어서 치료받지 못하는 사람이 있다고 하는데, 하물며 경제적 수준이 미국보다 낮은 나라의 사람에게 보험료가 부담되지 않을 수 없었던 것이다.

헝가리에서도 일반 외국인이 국제적인 보험회사의 의료보험을 가입하려면 미국에서 요구하는 것과 동일한 보험료를 내야 한다. 그래서 현지의 의료보험을 들지 않았다. 헝가리의 의료비는 그렇게 높지 않다고 하니 만일 문제가 생기면 보험료 내는 비용으로 치료를 하고, 그렇게도 하기 어려운 경우라면 보험 처리가 좋은 한국으로 돌아가서 치료하면 되지 않겠는가 하는 마음이었다.

현지 대학생인 아이들은 헝가리 국내 보험회사의 저렴한 학생용 보험을 가입해놓고 있었다. 일반적으로 헝가리의 사회보장제도에서는 병원 치료는 무료라고 하며, 약국에서 구입하는 의약품에 대해서만 비용의 50%를 환자가 부담한다고 한다. 유학생들도 같은 조건으로 혜택을 보고 있다. 헝가리에서는 입원 치료가 요구되는 질병에 대해서는 소위 '포괄수가제'라는 것을 실시하고 있다. 가령 허리 디스크 치료라면 입원기간은 '며칠' 이내이며, 총 진료비는 '얼마'라고 미리 얘기한다는 것이다. 그래서 헝가리에서 치료할 것인지 아니면 한국으로 후송을 하는 것이 좋은지를 사전에 결정할 수 있는 것이다.

사실 헝가리는 일반 의료체계가 잘되어 있고, 약국에서는 서구 대형제약회사의 의약품이 판매되고 있기 때문에, 의사의 처방전이 필요한 경우 말고는 특별히 걱정할 필요가 없었다.

공기 맑은 곳에서 업무 부담 없이 좋은 음식을 먹으며 지내니, 다행히도 건강했다. 고질인 알레르기 증상 때문에 콧물과 재채기가 없진 않았으나 현지 약국에서 항히스타민제를 구입하여 대처하면 되었다. 약품명은 모르지만 성분명은 만국 공통이라 생각하여 'antihistamine'을 적어주니 약사가 잘 알아보았던 것이다.

허브와 생약 제품들

헝가리에는 일반 의약품을 판매하는 약국 외에, 여러 가지 허브나 생약 제제로 만든 의약외품 또는 건강식품을 파는 상점도 제법 많다. 테스코

같은 대형 슈퍼마켓에도 이러한 상품의 코너가 따로 마련되어 있을 정도다. 헝가리 사람들도 그러한 대체의약품을 많이 사용하고 있다 해서 우리도 몇 가지 약품을 사서 실제로 써 보았다. 그중 한국 관광객에게 제일 잘 알려진 의약품은 '악마의 발톱'이라는 허브를 주성분으로 하는 인노 레우마 크렘Inno Rheuma krém이다. 특히 관절염이나 타박상 치료에 특효가 있다고 하는데, 허브 향이 진하고 효과도 신속하다. 의약품으로 약국에서 판매하는 것도 있고, 대체의약품으로 건강식품이나 허브 판매점에서 판매하는 것도 있다. 이외에도 '쥐오줌풀valeriana'로 만들었다는 천연 신경안정제도 있는데, 이것 역시 생약 성분이라서 부작용이 없으며 불면증에 효험이 있다. 호박씨 기름으로 만든 이뇨제 계통의 페포넨Peponen 태블릿도 성인들에게 인기가 있다. 기타 라벤더lavender 같은 허브와 아로마 향들, 그리고 프로폴리스와 각종 기능성 차도 판매되고 있다. 여기에 유기농 식품까지 가세하니, 정말 건강식품의 천국이라고 해도 과언이 아니다.

건강검진 받다

비교적 건강하게 1년을 지내고 귀국 준비를 하고 있을 무렵에, 뜻밖에도 약사가 아닌 의사를 만날 기회가 생겼다. 드디어 병원 구경을 할 기회가 온 것이다. 나에게 한국말을 배우고 있는 코넬리아의 아빠가 어느 일요일 아침에 갑자기 전화를 걸어 왔다. 코넬리아 엄마가 오늘 당직 근무를 하는데 혈액 검사를 한번 받아보지 않겠느냐는 것이다. 코넬리아 엄마는 이 병원의 임상병리실에 근무하고 있었다. 한국에서도 보험공단의 정기검진 때 혈액 검사를 했으므로 크게 필요는 느끼지 않았지만 무엇보다 헝가리 의료시설 구경에 대한 욕심이 생겨서 쉽게 오케이를 했다. 코넬리아 엄마가 약속한 시간에 데리러 왔다. 나는 별뜻 없이 아내를 동행했다.

유하스 가족. 에리카. 코넬리아. 코넬

버러녀^{Baranya23} 도립병원은 생각보다 깨끗했다. 헝가리 건물들은 외관은 매우 낡았어도 내부는 그 반대인 경우가 많다. 의료시설도 괜찮아 보였다. 혈액 채취를 할 때 사용하는 기구들도 한국의 대학병원 수준에서

23 버러녀 도(Baranya Megye)는 페치(Pécs)의 상위에 있는 행정구역이다. 페치에는 버러녀의 중심 도시로서 그 청사가 있다.

사용하는 것이었다. 마침 간호사의 솜씨가 좋았다. 피부 깊숙이 숨어 있는 내 혈관은 찾기가 힘든데도, 잘 찾아내서 통증 없이 채취를 해냈다. 나는 '엑설런트! 탱큐!'라고 칭찬을 연발했다. 소변 검사까지 끝내고, 아내 순서라 생각했는데 별 반응이 없었다. 그래서 내가 따로 부탁을 하니, 약간 멈칫하다가 아내까지 검사를 해 주었다. 왜 멈칫했느냐 하면, 원래 그쪽의 계획은 나만 해주는 것이었다.

무슨 이유였을까? 그것은 며칠 전 코넬리아 가족을 우리 집에 초대해서 식사를 할 때였다. 나는 헝가리의 음식문화, 가족 중심 문화를 칭찬하면서 내가 헝가리에 온 이후로 8kg 가까이 체중이 줄어든 적이 있다고, 헝가리 생활이 특히 건강에 도움이 되었다는 점을 말하였다. 코넬리아

아빠는 이때 속으로 갸우뚱갸우뚱 했던 모양이다. 하긴 우리 가족들도 내 체중 감소의 이유에 대해서 궁금해했고, 검사를 받아봐야 하는 것 아니냐고 했다. 코넬리아 아빠가 나의 얘기를 범상하게 듣지 않았던 것이다. 너무나도 고마운 일이었다.

나의 보답은 그저 건강하다는 결과가 나오는 것이라 생각했는데, 실제로 그렇게 되었다. 몇 가지 암 지표 검사도 함께했는데 그것도 괜찮았다. 다만 통풍을 일으키는 요산이 조금 있으니 음식 조심을 하라는 것뿐이었다. 그것은 이미 한국의 건강검진을 통해서 알고 있던 것이었다. 아내도 대체로 괜찮았다.

아내가 아프다

병원 체험이 그것으로는 부족했는지, 귀국 1주일 전에 다시 병원에 가야할 일이 생겼다. 다름이 아니고 아내 등에 원래부터 있던 종기가 심술이 나서 염증이 좀 심해진 것이다. 우리는 먼저 1차 진료 기관을 찾아갔다. 페치대학교의 보건진료소First care center를 찾아가 1차 검사를 했는데, 2차 진료 기관에 가서 수술을 하는 게 좋겠다는 것이었다. 담당 의사 일디코 박사는 우리가 시간이 없다고 하니 당장 내일 수술할 수 있는 병원을 수배해 주었다. 우리의 언어 능력도 확인하고서 영어 진료가 필요하다고 생각한 것 같았다. 마지막에 상처에 드레싱을 해주는 선에서 치료를 끝냈는데, 내가 페치대학교에서 한국어 교사를 하고 있다고 하니 치료비도 받지 않는다.

다음 날 아침 예약 시간은 7시였다. 세상에 무슨 병원 외래 진료가 7시부터 시작하나 했다. 새벽같이 찾아간 란치Lánc 거리의 병원에는 이미 환자들이 줄을 서고 있었다. 우리 차례가 되었을 때, 진료실에는 영어를 하는 남자 의사 한 분과 여성 외과 의사 한 분이 기다리고 있었다. 어제 일디코 박사가 언어 문제를 물어본 이유가 있었던 것이다. 상태도 보고 상황도 점검하고 나더니, 수술을 하고 비행기를 타는 것은 좋지 않으므로 한국에 가서 하는 것이 좋겠다고 권하는 것이었다. 여기서는 별 치료도 없었지만 7,500포린트한국 돈 4만 원 가까이를 지불했다. 생각보다는 진료비가 많이 나온 셈이었는데, 거기에는 영어 사용 의사에 대한 비용도 포함되어 있었기 때문이었다.

헝가리의 의료 수준은 선진국 수준이라고는 한다. 다만, 첨단 의료기기는 많이 보유하고 있지는 않다. 헝가리의 경우 병원 진료는 무료이고, 약국 비용은 절반만 내니, 병원의 시설 확충은 자연히 국가의 몫이 된다. 국가에 재정이 든든하면 그런 장비도 그때그때 구입할 텐데, 현재의 형편에서는 그러지는 못하는 것 같다. 다만 의사들의 진료 수준이 괜찮아서 상대적으로 저렴한 치료비를 필요로 하는 서구 사람들이 헝가리 병원을 많이 찾고 있는 상태다. 오스트리아 접경의 쇼프론Sopron이라는 도시는 한 집 건너 한 집이 치과병원이라 할 정도로 의료관광이 보편화되어 있으며, 국가 차원에서도 그 수입에 신경을 적잖이 쓰고 있는 것으로 알려져 있다. 물론 의과대학도 그러한 평판에 힘입어 외국 학생을 많이 받아들이고 있는 것이다.

●네 번째 이야기●

온천의
나라라는데

●

헝가리를 '온천의 나라'라고 소개한 안내문이 적지 않다. 부다페스트만 해도, 겔레르트^{Gellért} 언덕 부근, 시민공원의 세체니^{Széchenyi} 온천 등 많은 온천이 있고, 벌러톤^{Balaton} 호수 근처에는 세계 최대라는 헤비즈^{Héviz} 온천 저수지가 있으며, 이 외에도 헝가리 전역에 많은 온천이 있다. 페치에 정착하여 '이곳에도 온천이 없지는 않겠지'라고 생각하여 쉽게 찾을 수 있으리라 예상했지만 시내에서는 전혀 눈에 띄지 않았다. 그래서 제일 먼저 한 일이, 대체 온천溫川을 헝가리 말로 무어라 부르는지 알아보는 것이었다. 우리나라에서도 '온溫' 자가 붙거나, '부釜' 자가 붙은 곳에 온천이 있으니까 말이다.

헝가리 말로 흔히 온천을 '퓌르되^{fürdo}'라고 하는데 움라우트와 장음을 잔뜩 붙여서 읽는 것이 쉽지는 않았다. 이 말을 알고 다시 보니, 뜻밖에 페치 시내에서도 이러한 이름의 간판을 볼 수 있었던 것이다. 그 간판이 달린 곳은 '온천'이 아니라 소위 '위생도기'를 파는 곳이었다. 집에 있는 욕실도 퓌르되라고 부르는 것이니, 이 말은 각종 욕탕을 이르는 범칭이었던 것이다.

인터넷에서 키워드를 퓌르되로 검색을 해보니 페치 근처에도 몇 군데 가 나왔다. 그중 대표적인 곳이 바로 허르카니^{Harkány}였다. 페치에서 남서 쪽으로 25km쯤 떨어져 있는데, 조금만 더 가면 드라바 강을 만나게 되 고, 크로아티아로 넘어가는 국경 검문소도 보이는 곳이다.

　　이곳은 유황온천으로서 특히 치료를 위해 외국인들까지 많이 찾 는 곳이었다. 그래서 그런지 여기 간판에는 '의료 욕탕'이란 뜻의 'gyó gyfürdő'라는 명칭을 써 놓았다. 이 온천은 공원 같은 느낌이 들 정도로 매우 널찍하다. 여름철에 운영하는 야외 풀장이 여러 군데에 펼쳐져 있 고, 실내에는 현대식으로 잘 만들어진 큰 온천탕이 온도에 따라 몇 군데 나뉘어 있다. 입장료는 하루 이용권으로 2,900포린트나 되었다. 그런데 오후 2시 이후에는 2,200포린트로 할인해 주니, 나같이 치료 목적이 아 닌 온천객은 오후 시간을 이용하는 것이 좋을 것 같았다.

허르카니 온천. 홈페이지 사진

물의 온도는 34~38도, 33~36도 정도라서 체온과 비슷하고, 이 탕 저 탕을 옮겨 다닐 수 있었다. 온천에는 주로 치료를 위해서 온 사람이 많다. 온천욕이 관절염에 좋은 관계로 대부분 나이 든 사람이 찾는다. 이 온천에는 실제로 온수 치료를 하는 의사와 물리치료사가 상주하고 있어서 처방전을 들고 진료를 기다리는 환자들을 많이 볼 수 있다. 헝가리에서는 온천 치료를 처방할 수도 있다고 하는데 그렇게 처방을 받으면 치료비를 따로 받지 않는다고 한다.

온천에 차를 가지고 가면 바깥 주차장에 주차를 하고, 주차 요금을 내야 한다. 매표소에서 표를 사고, 손목에 등급을 나타내는 띠를 두르고 입장을 한다. 수영복으로 갈아입고, 슬리퍼를 챙기고, 옷을 맡긴 다음에 탕을 선택해서 들어가면 된다. 실내에도 큼직한 탕이 여러 개가 있고, 이것과 연결된 실외 풀도 있다. 모두 다 웬만한 수영장 크기의 탕이다. 매시 정각에 운동치료사가 나와서 음악에 맞추어 시범 동작을 보이면, 모두 그것을 따라서 한다. 하루 종일 지내는 사람은 도중에 벤치에서 잠을 청하기도 하는 모양이다. 음료수나 간편식도 사 먹을 수 있다.

한두 시간쯤 온천에 몸을 담그고 있으면, 한국식으로 땀이 나지는 않지만 피부가 금방 좋아지는 것은 느낄 수 있다. 유황의 작용일 것이다. 그래서 온천 후에 타월을 쓰지 않고 그냥 말리기도 한다. 체코에서는 온천이라는 것이 목욕보다는 음용을 위한 것이 많다고 하는데 여기에도 직접 마실 수 있는 물이 나온다. 기념품점에서는 여기 온천에서 만든 화장품도 팔고 있다. 처음에 이곳은 개인 소유였다가, 공산화 이후 국유화되었고 여전히 국가에서 운영한다고 한다. 온천물의 약리적 효과에 대해서는 페치의대를 졸업한 의사가 그곳에서 열심히 연구했다고 한다. 이곳의 홈페이지www.harkanyfurdo.hu를 보면 특히 불임 여성에게 좋다고 한다. 임신 확률을 50% 이상으로 높일 수 있다는 것이다. 하지만 가임기의 여성들은 별로 보이지 않았다.

유럽 각지의 관광객, 환자들이 찾고 있는 것을 보면 꽤나 소문이 난 것 같다. 인근의 호텔과 연계하여 여러 날을 묵을 수 있는 패키지 상품도 있고, 체코 프라하에도 이 온천 여행을 위한 에이전시가 있는 것으로 보인다. 그러나 역시 동양인은 언제나 우리밖에 없었다. 우리는 그들을 구경하지만, 그들은 우리를 구경한다. 대놓고 바라보지는 않지만 몰래몰래 훔쳐보는 그들의 시선을 충분히 느낄 수 있다. 말을 거는 사람은 없지만…….

아참! 남녀 혼탕이다.

헝가리여, 그 정신의 고귀함이여

●다섯 번째 이야기●

누가 타는
소나타일까

페치에서 만난 현대 소나타

우리나라에서 자가용 승용차가 그리 많지 않던 시절에 자동차 번호판도 일종의 권력이었다. 일반적으로는 자동차 번호를 임의로 발급하였지만 고위직에 있는 사람들의 전용 차량에는 특별한 번호가 부여되었다. 그 특별한 번호는 뒷자리에 타고 있는 사람의 위계를 상징했다. 이를테면 시도별로 번호가 부여되었으므로, 그 도의 도지사는 '1000'번을 받았다.

그 도의 국립종합대학교 총장 관용차에는 '1111'번이 붙었다. 다른 차들은 차가 바뀌면 번호도 바뀌었지만 그 관용 차량에는 언제나 같은 번

252

호가 붙었다. 교통정리를 하는 경찰들은 이러한 번호에 익숙해야 했다. 이 번호가 나타나면 당연히 거수경례를 바짝 붙여야 하며, 더러는 수신호로 통행의 편의를 봐 주어야 한다. 가끔씩은 '1000'이 높으냐, '1111'이 높으냐 하는 쓸데없는 토론도 벌어지곤 했다. 둘 다 대통령 발령 사항이지만 장관급인 국립대 총장이 더 높지 않으냐, 그런데 왜 번호는 '1111'이냐 하는 사람도 있었다.

미국 버지니아에 살 때, 내가 산 캐러밴을 자동차 등록사업소DMV에 가서 등록하려고 보니 기본 번호판을 받을 수도 있고, 아니면 디자인이 들어간 번호판을 선택할 수도 있었다. 번호판 양식과 번호의 선택 여부에 따라서 비용이 달랐다. 나는 내가 머물던 버지니아텍VirginiaTech의 번호판 양식을 선택했고, 이에 따라 매년 25달러 정도의 후원금을 기부하게 되었다.

헝가리에서는 다음과 같은 번호 체계를 사용한다. 먼저 앞 세 자리의 알파벳 번호가 A부터 Z의 순서로 부여되고, 뒤 세 자리의 아라비아숫자 번호도 낮은 숫자부터 높은 숫자로 부여된다. 내가 산 파사트는 처음 등록할 때 'L'로 시작되는 번호를 받은 것인데, 이제는 'L' 번호가 끝나서 근래에는 'M'으로 시작하는 번호를 붙인다. 그러니까 알파벳이 뒤로 갈수록 최근 번호판이란 말이다.

물론 현재 사용하고 있는 유럽연합 방식의 번호판과 이전 헝가리 방식의 번호판이 서로 디자인은 다르지만 알파벳-아라비아숫자 방식의 번호 체계는 그대로 지속되고 있다. 앞의 사진에 등장하는 푸조는 'K'로 시작하는데 이로 미루어 내가 타던 파사트보다도 이전에 등록한 차라는 것을 짐작할 수 있다. 'V'나 'C-A'로 시작하는 차 중에는 외국인 등록 차량도 있으나, 중고를 사게 되면 그냥 헝가리 번호판을 받게 되고, 아예 그러한 번호 자체가 이제는 부여되지 않는 것으로 보인다. 가끔 'D' 번호판도 보이는데, 이런 차는 외교관diplomat 차다. 오래된 차들 중에 번호를 바꾸지 않은 차에서 가끔씩 'B'로 시작하는 차도 보인다. 적어도 30년쯤은 되어 보이는 것들이다.

저 위의 소나타는 이러한 체계를 벗어난 번호판을 가지고 있는데, 그렇다면 과연 누가 타는 차이며 무슨 연유로 그러한 번호를 받았단 말인가? 한국의 NF소나타와 다른 점이라면 트렁크 쪽에 'HYUNDAI'라는 로고가 붙어 있고, 엔진이 디젤CRDi이라는 점뿐이다. 헝가리에서도 자동차를 등록할 때 추가 비용을 지불하면 원하는 번호를 준다고 한다. 그렇다면 이제 짐작이 어렵지 않으리라.

PTE는 Pécsi Tudományegyetem페치대학교의 이니셜로 된 말이며, 이 학교의 웹 사이트 공식 주소pte.hu이기도 하다. 관계없는 사람이 군이 비용을 들여 저 번호판을 쓰지는 않을 테니까, 페치대학교 관용차가 틀림없고, 그중에도 '001'이니 아마도 총장이 타는 차일 것이다. 실제로 M6 고속도로에서 저 차를 타고 가는 총장을 본 적도 있다.

페치대학교에서 무슨 연유로 1호차에 한국 소나타를 배정했는지는 잘 모르겠다. 그런데 3호차까지도 검은색 소나타이고, 승합차도 현대차스타렉스이니 이 대학을 다니는 한국 학생들로서는 모교와 한국과의 인연에 대해 다시금 생각해보아야 한다. 그리고 길 가다가 'PTE-001'을 만나면 당연히 열심히 경례를 붙이도록…….

'C' 번호판을 단 클래식카

헝가리여, 그 정신의 고귀함이여

●여섯 번째 이야기●

추억의 트램이
움직이다

●

페치에 트램^{tram}이 다시 움직이기 시작했다. 아람이가 전하는 바에 따르면 페치에도 다시 트램^{궤도열차}이 다닐 거라 한다. '다시'라고 한 것은 이전에 이미 트램이 있었는데 지금은 철거되어 버렸기 때문이다. 세체니^{Szecheny} 광장에서 치스테르치^{Ciszterci} 거리 쪽으로 나가는 길에 그 흔적으로 약 5m 쯤 되는 트램 레일이 깔려 있다. 1961이라 쓰여 있는 것으로 보아 그해까지는 트램이 다닌 것으로 보인다.

트램은 이쪽 중부 유럽에서는 중심적인 도시 교통 수단이다. 부다페스트, 빈, 프라하, 부쿠레슈티, 베오그라드, 자그레브 등 웬만한 나라의 수도에는 트램이 설치되어 있어서 시내교통에 중심적 역할을 하고 있다. 트램의 설치와 운영에는 적지 않은 투자와 비용이 필요하기 때문에 이처럼 일정 규모 이상이 되는 도시에서만 운영할 수 있을 것이다. 페치는 아쉽게도 산업이 몰락하면서 트램도 끊어지고 만 것 같다. 도로의 폭도 트램을 설치할 만큼 넓지도 않으니, 점차로 늘어나는 승용차에 밀려난 것도 같다.

루마니아와 세르비아와 가까워 국제적 물동량이 많은 헝가리 남부 도시 세게드Szeged에는 지금도 트램이 다니고 있다. 도시의 산업이 활발하기 때문이다. 부다페스트에 가면 이 트램이 관광객을 유인하는 매우 좋은 수단이 되고 있다. 하루짜리나 2~3일짜리 승차권을 끊으면 BKV부다페스트 대중교통 회사에 속하는 트램tram, 지하철, 트롤리trolley, 버스 등 모든 대중교통 수단을 마음껏 탈 수 있는데 그 중에도 이 트램이 제일 편하다. 접근성도 좋고, 연결도 잘 되며, 무엇보다 부다페스트의 바깥 링을 도는 4번이나 6번 트램에는 여름철에 에어컨 바람이 나오기 때문이다.

아참, 제목은 미래형이 아니고 현재형인데 잘못 붙인 것 아니냐 물을 것 같다. 페치 중심부에 산책차 나갔는데, 뜻밖에도 움직이는 트램을 본 것이다. 타는 사람들이 적지 않았고, 승객들이 신이 나 있었다. 바로 페치의 대표 아케이드인 아르카드Árkád 내부에 설치된 트램이었다.

성탄절이 임박하여 하나의 이벤트로 아이들을 위한 트램을 설치한 것이다. 모형은 아니고 실물이기는 하나 2인 좌석을 연결해 놓은 놀이기구였다. 놀이기구이기는 하지만 전동 궤도열차는 분명하다. 아마도 연말이 지나면 철거할 것이었다.

정말 아르카드는 12월 초순부터 크리스마스 분위기에 휩싸여 있었다. 통로에 특설 매장이 들어섰고, 중앙의 광장에는 크리스마스 장식과 아이들 놀이시설이 설치되어 있었다. 상점에도 성탄 상품, 기프트 광고 이런 것들이 넘친다.

중부 유럽에서 빼놓을 수 없는 시즌이 바로 성탄절이고 그때 설치되는 크리스마스 마켓은 너무나 아름답다. 그 어떤 시즌보다도 이때에는 상품이 풍성하게 넘쳐 난다. 그중 제일은 오스트리아 빈Wien의 시청 광장에서 열리는 루미나리에와 크리스마스 마켓이겠지만, 아쉬운 대로 페치 시내에서도 성탄의 기쁨을 살짝 느낄 수가 있다.

이걸 알지 모르겠다. 헝가리에는 산타클로스가 12월 6일에 온다는 것을……. 한국에 24일 밤에 맞추어 가느라고 미리 오는 것인가 보다.

페치 아르카드에 설치된 놀이기구

●일곱 번째 이야기●

헝가리 수업료가
만만치 않다

●

여행은 즐기는 것인 동시에 배우는 것이다. 비싼 돈을 들여서 해외여행을 한다면 많이 배워야 한다. 아이들이 미리 가서 정착하고 있던 관계로 우리 내외는 배워야 할 분량이 많이 줄어든 상태였다. 살다가 모르는 일이 있으면, 아이들에게 물어보면 되기 때문이다. 그러나 막상 아이들도 모르는 일이 많았다. 자기들의 관심 밖이거나 경험하지 않은 것은 알 수 없었던 것이다. 대표적인 것이 자동차의 운영에 관한 것이었다.

- 엔진오일은 언제 교체해야 하고, 어디서 갈아야 하는지?
- 어떤 엔진오일을 써야 하는지?
- 자동차 검사는 어디서 받아야 하는지?
- 주차는 어디다 하고, 요금은 어떻게 정산하는지?
- 사고가 나면 어떻게 처리해야 하는지?
- 고속도로는 통행료를 어떻게 내야 하고, 비용은 얼마나 나오는지?

형가리의 신호등 체계는 한국과는 약간 다르지만, 표지 자체의 뜻은 충분히 이해할 수 있었으므로 큰 문제는 없었다. 일방통행에 유의하고, 교차로에 있는 우회전 신호를 잘 지켜야 했다. 물론 한국에는 거의 없는 로터리round about 통행 방식도 잘 익혀야 했다. 아람이가 미리 이것저것을 알아놓았고, 또 문제가 생길 때에는 함께 해결하기 위해서 도와주기도 했지만, 그래도 몇 차례의 수업료는 불가피 지불해야 했다.

첫 번째 수업료는 여름이가 냈다. 아이들이 공부하느라 늘 시간이 부족하다 보니, 사실 아이들과는 페치 이외의 지역에서는 거의 시간을 함께할 수 없었다. 그러다 모처럼 학기 초에 시간을 내서 부다페스트로 가족 여행을 가기로 했다. 부다페스트에 가면 관광보다는 스시집에 가서 회전초밥을 먹는다, 스타벅스에서 커피를 마신다 해서 페치에서 경험할 수 없는 것들을 기대하고 기차를 탔다. 사실은 그날 부다페스트에서 파사트를 인수하기로 한 날이었으니, 겸사겸사였다. 유럽에서는 기차 여행이 편하고 좋으나, 열차 요금이 비싼 것이 흠이다. 그래도 학생들은 50% 할인해 주니, 그 정도라면 다닐 만했다.

기차에 탄 지 얼마 지나지 않아 차장이 차표 검사를 한다. 표를 살 때는 증명을 보이지 않아도 살 수 있지만, 객실의 검표에서는 할인권에 대한 근거를 함께 제시해야 한다. 아이들은 학생증을 내밀었다. 사실 아람이는 이제 막 휴학을 한 상태였고, 여름이는 재학 중이었으니, 혹 아람이에게 문제가 생기지 않을까 걱정이 되었다. 그러나 결과는 정반대였다. 등록을 하면 스티커를 학생증 뒷면에 붙여야 하는데, 학기 초에는 보름 정도는 기다려야 하므로, 아람이는 별문제가 되지 않았다. 그런데 여름이가 그전 학기의 스티커를 붙여놓지 않은 것이 드러났다. 틀림없는 재학생인데, 차장 아줌마는 여지없이 범칙금 고지서를 발부했다. 일반 정상요금의 5배쯤 되는 금액이었다. 모처럼의 가족 여행에 재를 뿌린 기분이었다.

좀 찜찜하긴 했지만 뭔가 길이 있겠지 하는 마음으로 부다페스트 여행을 마쳤다. 페치로 돌아간 뒤에 학교에서 스티커와 재학증명서를 발급받아 기차역에 가서 사정을 하니, 다행히 정상요금^{학생 요금이 아닌 일반 요금}을 내는 것으로 감액을 해주었다. 제때에 서류 처리를 하지 않은, 현지의 관습과 문화를 존중하지 않은 우리의 잘못이었던 것이다.

역시 경찰은 무서워

승용차를 구입한 후에는 운전의 법규나 벌과금에 대해 신경 쓰지 않을 수 없었다. 기본적으로 자동차 운영과 관련된 제도나 체계는 한국이나 비슷했다. 그냥 지침을 잘 따르고, 법규만 지키면 수업료를 내지 않아도 된다. 고속도로에서는 15% 정도의 과속은 허용된다는 얘기도 있어서 고속도로 운행은 큰 부담이 없었다. 제한속도가 130km이므로 적어도 150km까지는 괜찮을 것 같았다. 글쎄 만일 걸린다면 범칙금을 내지 뭐, 이런 심정이었다.

　한국에서도 과속의 범칙금이 20km 이내라면 3만 원 정도이니, 국민소득이 우리보다 낮은 이곳에서는 1만 5천 원이면 썼다 벗었다 하겠지 싶었던 것이다. 그러나 워낙 속도를 즐기는 운전 스타일은 아니기 때문에, 또 도로의 상황과 교통의 흐름이라는 것을 존중하는 운전 태도를 가진 25년 경력자인 데다, 한국에서도 과속으로 단속된 적은 별로 없기 때문에 헝가리에서도 편안한 마음으로 운전을 했다.

　어느 날 부다페스트를 가려고 M6 고속도로를 탔다. 헝가리의 고속도로는 한 노선만 빼고는 모두 부다페스트를 향한다. 그중에서도 M6는 최근에 신설된 노선으로서 한가하기가 짝이 없다. 사실 페치에 이렇다 할 산업이 없으니, 고속도로를 통해 그냥 생활 물자 정도만 오가는 수준이었다. 그런 만큼 길은 매우 좋았다. 노면도 최고 상태고, 높낮이나 좌우 회전도 거의 없이 평탄하고도 곧게 뻗어 있다. 페치에서 M6를 타려면 58

번 국도를 타고 나가서 M60 지선을 먼저 타야 한다. 그 길로 25km쯤 주행하고 나면 M6로 연결되는 램프가 나온다. 문제는 이 램프에서 발생했다. 램프에서는 당연히 속도를 줄여야 한다. 그래서 미리 100km 사인을 주고, 그다음에 80km 사인을 준다. 평소에 이 길을 100km의 속도라도 안전상 문제가 없이 돌아나가곤 했는데, 그날은 바로 그 곡선 지점에 경찰차가 보이는 것이었다. 순간 속도를 줄였지만, 나의 차는 그들의 카메라에 고스란히 담기고 말았다.

어느 여름날에 한국에서 여행차 오는 여동생과 처제를 마중하기 위해서 리스트 페렌츠 공항에 갔다. 그날따라 무슨 자동 징수 시스템 같은 것을 설치하는 것 같았다. 입국장 쪽으로 서행해서 가고 있던 나에게 경찰 두 사람이 만나자고 신호를 보내 왔다. 웬일인가 싶었는데, 진입할 수 없는 곳으로 들어왔다는 것이다. 두어 차례 와 본 곳이고, 주차 요금을 조금 더 내면 가까운 곳에 주차할 수 있어서 그쪽으로 들어왔던 것인데, 그날부터는 위반이란다. 그런 표지판을 보지 못했다고 하니, 아니란다. 들어오는 입구에 분명히 써 있단다. 못 보았다고, 좀 봐달라고 사정했다. 외국인이고, 처음 당하는 일이니 충분히 봐줄 만도 했다. 그리고 일반적으로 공항 내부 도로는 경찰의 단속 구역은 절대 아니다. 그래도 경찰은 도큐먼트를 내놓으라고 닦달한다.

미국에 있을 때도 과속으로 걸린 적이 있었는데, 가족을 동반하고 술도 안 마시고, 전과도 없으며, 자기 소유 차를 몰고 있다는 것을 확인한 여자 경찰이, 'Mr. Kim, Slow down and drive safely!미스터 킴, 천천히 안전하게 운전하세요!' 하고 무죄방면 해주었던 기억이 있었던 것이다. 그러나 아무리 사정해도 이미 CCTV에 찍혔기 때문에 어찌할 수 없단다. 대신 저렴한 것으로 스티커를 끊겠단다. 5,000포린트!

옆에서 헝가리 현지 차들이 간단한 안내만 받고 바로 나가는 것을 내 눈으로 똑똑히 보았지만, 그냥 이것도 수업료다 싶어서 내기로 했다. 그 뒤에 가보니, 더 이상 진입 금지라고 단속하는 일은 없었다. 다만 주차 요금만 조금 더 내면 되는 곳이었다.

코넬리아의 너지러요시 김나지움에 방문차 갔다가 생긴 일이다. 학교 가까운 쪽에 주차를 하려고 살펴보니, 골목길에 다른 차들이 줄지어 서 있는 것이 보였다. 나는 그 사이에 주차를 정확하게 하고, 여러 시간의 학교 방문을 무사히 마치고 나왔다. 그런데 웬걸, 돌아와 보니 앞 유리 와이퍼에 조그만 봉투가 놓여 있었다. 주차 위반 딱지다. 그날은 토요일이었고, 차량 왕래도 없는 곳이었으며, 다른 차들도 함께 있었는데 왜 주차 위반이라는지 이해가 되지 않았다. 그래도 위반은 위반이다. 아람이의 설명을 들으니 그 주의 월요일이 국경일이었으므로, 그 토요일은 근무하는 토요일working saturday로서 공휴일이 아니라는 것이었다. 그래서 그날 학교에서 행사를 했고, 주차 단속 요원들도 근무를 했던 것이다. 나는 될 수 있으면 조금 멀더라도 정식 주차장에 차를 두는 것을 원칙으로 했지만, 그날은 시간도 좀 촉박했고, 너무 안심했던 것이었다.

마지막 수업료도 페치 시내에서 지불했다. 시내를 관통하는 6번 국도 중간에 경찰서가 있는데, 늘 지나다니면서 그 입구 한쪽에 레이더 카메라가 있다는 것을 알게 되었다. 아람이에 의하면 한 200m쯤 전에 레이더 컨트롤 경고판도 있다는 것이다. 자연 그곳을 지나면서는 속도를 줄였다. 아니, 줄일 필요도 없었다. 그곳 신호 체계가 시속 60km 연동 신호이기 때문에 과속할 필요가 없었다. 문제는 이것을 잘 모르고 있던 여름이가 운전하면서 생겼다. 밤늦게 친구 집에 갔던 아람이를 데리러 간다고, 여름이가 차를 가지고 나갔는데, 밤중에 점멸하는 신호등 사이를 신속하게 이동해갔던 것이다.

바로 이틀 뒤에 우리는 친절한 안내장을 페치 경찰서로부터 받았다. 한국과 마찬가지로 운전자 확인이 안 되는 상태에서는 명의자에게 과태료를 물리기 때문에 그 안내장에는 내 이름이 선명했다. 이제 얼마 안 있

으면, 차도 팔고 한국으로 돌아갈 텐데, 그냥
무시해버릴까 하는 생각이 없지는 않았다. 왜
냐하면 벌금이 매우 비쌌기 때문이었다. 설마
한국까지 찾아오지는 않겠지 싶었다. 그러나
그런 생각을 말자. 한국 사람을 어떻게 보겠는
가 말이다.

경찰서에서 발부하는 스티커의 벌금은 매
우 비싸다. 경찰대학의 등록금이 아주 높은 것
이다. 고속도로의 20km 초과 벌금이 45,000포
린트나 되었다. 시내에서도 15km 초과 벌금
이 30,000포린트였다. 이렇게 몇 번 벌금 내다
가는 그냥 중고차 값 한 대분이 나올 것만 같
았다. 마지막 벌금은 어쩔 수 없는 것이라고 인

범칙금을 지로로 내고 받은 납부
증명서. 헝가리 교통대학의 등록금
영수증이라고나 할까.

정할 수 있으나 고속도로에서는 일종의 함정 단속이라고 항변할 만도 했
다. 공항에서는 정말 차별이라는 생각이 들었다. 주차 위반 딱지만큼은
할 말이 없다. 그러나 위반은 위반이었다.

헝가리의 시내 주차 시스템은 정확하게 운영된다. 범칙금이 무서우니
절대로 주차 구역이 아니면 주차하지 않는다고 보면 된다. 그리고 주차
구역에 주차할 때는 사전에 예상 시간만큼 동전을 넣고 주차권을 끊어서
차의 대시보드에 올려놓아야 안심이다.

이런 일을 몇 번 겪게 되니 자연 규정 속도를 지키게 되었다. 옆에서
인근 국가에서 온 고급차들이 200km 가까이 달려도 나는 내 속도로만
가면 되었다. 그래서 그 뒤로도 몇 차례의 단속 현장을 지나가게 되었지
만 아무런 문제가 없었다. 비싼 수업료를 내고 제대로 공부한 것이다.

헝가리 사람은 말 몰듯이 차를 운전한다

헝가리 사람들은, 긍정적으로 말하면 비교적 운전을 잘하는 편이다. 가끔씩 'T'라는 글자를 큼지막하게 붙이고 다니는 자동차나 오토바이를 볼 수 있는데, 이는 'Tanuló학습자'의 첫 글자로서 운전 교습을 하고 있다는 뜻이다. 헝가리에서는 앞차의 운전자가 여성인지, 남성인지를 구분할 수가 없다. 소위 '김 여사'는 한국에만 있는 모양이다. 동네 길에서도 씽씽 달리지만 원칙은 철저히 따른다. 골목 네거리에서 우선 통행을 어기는 차에는 다른 차에서 욕설이 쏟아져 나온다.

헝가리 사람들의 운전 스타일은 부정적으로 말하면 좀 거칠다. 다소간 비이성적이라 보일 정도로 성미가 급하다. 어쩌면 운전대를 잡으면 그 옛날 이들이 중부 유럽의 기마민족으로서 이 나라 저 나라를 들쑤시고 다녔던 경력이 다시 살아나는 모양이다. 말고삐를 쥐고 주행 방향을 수시로 바꾸던 스타일이 자동차 운전대에서도 나타나는 것이라 생각했다.

그럼에도 불구하고 비교적 준법 운전을 한다. 음주운전에 대해서는 헝가리만큼 가혹한 나라가 없을 것이다. 알코올 단 한 방울이라도 검출되면, 바로 면허 취소 처분부터 내린다고 한다. 고속도로에서 시속 150km를 훌쩍 넘겨 쌩~ 하고 달리는 벤츠나 BMW는 대부분 인근 국가의 번호판을 달고 있는 차들이다.

헝가리인들의 준법 운전은 본래 준법정신이 높은 이유도 있겠지만, 틀림없이 비싼 범칙금도 기여하고 있다고 본다. 현지인의 수입으로 볼 때, 45,000포린트를 벌금으로 낸다는 것은 거의 치명적인 일이다. 한국에서는 범칙금 수입은 교통 안전시설에 투자한다고 하는데, 헝가리에서는 그렇지 않은 모양이었다. 국가 예산이 각 관공서를 운영하기에 충분치 않다는 것이었다. 그러니 책정된 예산의 범칙금은 징수해야 하지 않겠는가? 그래야 직원들 봉급도 제때 줄 수 있으니 말이다.

헝가리에서 자동차 레이싱은 인기 있는 스포츠다. 6월 초순에 메첵 산을 감싸고 도는 내셔널 챔피언십 대회가 열렸다. 결승점은 페치의 세체니 광장이다.

헝가리여, 그 정신의 고귀함이여

●여덟 번째 이야기●

시골 사람의
서울 구경 가기

●

가끔씩 어느 도시가 살기 좋은가, 어느 도시의 물가가 비싼가, 생활비가 가장 높은 도시는 어디인가 하는 평가의 결과가 언론에 보도되곤 한다. 서울은 물가 비싸기로 세계 상위권이라는 둥, 한국에서 가장 살기 좋은 곳은 분당이라는 둥의 보도 말이다. 유럽에 와서 이 나라 저 나라를 여행하면서 나와 우리 가족은 그러한 도시 평가의 업무를 스스로 수행하고 있었다. 말하자면 부다페스트가 좋은지, 빈이나 프라하가 좋은지, 부쿠레슈티나 베오그라드가 좋은지를 저울질하고 있는 것이다. 그 여행의 결과로 이번에 다녀본 중유럽Central Europe[24] 국가들을 한번 비교해보기로 한다.

다른 도시도 많지만, 한국인들에게 그리고 세계인들에게 유명한 도시로 알려져 있는 수도만 비교해 보더라도 대체로 그 나라의 특성도 알 수 있으리라는 가정을 해본다. 저울질하기가 쉽지 않다. 우선 나는 내가 살고 있던 헝가리에 대한 편견이 없지 않기 때문이다. 그런데 정작 문제는 그 평가의 기준이다. 중유럽의 유

[24] 한동안 구소련의 영향 아래 있었던 국가들을 동유럽이라고 불렀으나, 이제는 많은 나라들이 중유럽으로 불리기를 원하고 있다.

266

명 도시에 대한 평가라는 점을 고려한다면, 어떤 도시가 가장 중유럽다운 도시인가에 초점을 맞추어야 할 것이다. 서유럽을 현대문명의 산실이라고 여긴다면, 중유럽에서는 그 이전의 유럽 문화를 기대하는 것이 당연하다고 본다. 실제로 중유럽 국가의 경쟁력은 고층 빌딩과 첨단 시설에 있지 않다. 그래서 나는 중세적인 외양을 어느 도시가 더 많이 갖추고 있는가를 중요한 평가 항목으로 생각한다. 이 도시들이 전쟁의 참화를 겪었기 때문에 당연히 옛날 그대로는 아니겠지만, 얼마나 옛날의 모습을 재현하려고 했는지를 고려하려 한다. 그리고 그러한 중세적 외양을 유지하기 위해 그 도시가 어떠한 노력을 하고 있는지도 열심히 알아보기로 한다. 특별한 이벤트의 시기는 제외하고, 평상시에 그 도시는 어떻게 운영되고 있는지도 본다. 유럽 도시의 문화적 역량도 관심거리 중 하나다.

비엔나는 선진적이다

오스트리아의 빈Wien도 구시가지 중심으로는 중세적 외양을 가지고 있다. 그러나 제1, 2차 세계대전 이후에 복구 사업이 전 도시적으로 이루어져서 그런지, 좀 낡았다 싶은 건물은 성 슈테판 성당St. Stephan's doom이나 보티프 성당Votivkirche 등에 불과하다. 이 두 성당은 여러 해 전에도 건물의 때를 벗기고 있었는데, 아직도 벗기고 있었다. 성 슈테판 성당은 모차르트의 결혼식이 열렸고, 그의 장례식이 거행되었던 성당으로서, 규모나 양식 면에서 압권이다. 여러 해 전에 방문했을 때는 마침 크리스마스 시즌이라서 크리스마스 마켓이 열리고 있었다. 시청 광장에 자그마한 가게가 즐비했고, 루미나리에가 환상적으로 설치되어 있었다. 이번에 가보니 시청 광장은 아이스 트랙이 설치되어 사람들이 스케이트를 타고 있었다. 이 트랙을 비추는 조명과 건물을 비추는 조명 외에는 특별한 감흥을 주지 않았다.

빈(Wien) 시청 건물

빈은 전체적으로 다른 나라에 비해 좀 더 부유한 티가 난다. 건물에 대한 관리도 잘되어 있고, 웬만한 장식에는 번쩍번쩍 하는 금붙이가 붙어 있다. 도시 교통의 수단들도 상대적으로 신식이고 깨끗하다.

빈에도 다뉴브 강이 흐르고는 있지만, 이 강은 관광에는 큰 도움을 주지 않는다. 여름철에는 부다페스트부터 유람선을 타고 빈까지 갈 수 있고, 세르비아와 루마니아를 지나서 흑해까지 가는 유람선도 운행된다. 강 건너편에는 현대식 건물들도 적잖이 보인다.

빈의 강점은 역시 음악에 있다. 모차르트Mozart, 베토벤Beethoven, 요한 슈트라우스Johann Strauss, 슈베르트Schubert 등 최고 음악가들의 조각상이 주요 지점

에 자리 잡고 있다. 중앙묘지에 있는 음악가 묘역도 볼만하다. 관광객들이 여러 가지 종류의 음악을 즐길 수 있는 것도 매력이다. 결론적으로 말하자면, 빈은 중세적 면모의 흔적은 있으나, 서구화되어 간다는 느낌이 훨씬 더 큰 곳이라 할 수 있다.

오스트리아에서는 서쪽 알프스Alps 자락에 있는 잘츠부르크가 매력적이다. 호헨 잘츠부르크Hohen Salzburg성으로부터 미라벨 궁전Schloss Mirabell에 이르기까지 도시의 건물들은 회색의 일관된 풍경을 이루어내고 있으며 주변 알프스의 높은 산들과 멋진 조화를 이루고 있다. 도시를 가로지르는 인Inn 강은 맑거나 투명하지는 않지만, 오히려 그 잿빛 물살이 도시의 분위기

잘츠부르크 구시가지 전경

를 돕고 있는 느낌이 든다. 전체적으로 아주 깔끔하며, 어린 모차르트와 영화 〈사운드 오브 뮤직The Sound of Music, 1965〉의 신화가 아직도 살아 있는 듯한 느낌이 드는 곳이다.

프라하는 최고의 관광지다

프라하체코의 수도는 최고의 관광지였다. 도시의 건물에 붙은 간판들이 모두 다 '나 관광지야!' 하고 들이대는 것만 같았다. 구시가지 쪽의 건물들도 그랬지만 왕궁 지역도 하나의 관광단지를 형성하고 있다. 광장도 많았고, 그 광장들이 모두 관광객들에게 개방되어 있었다. 카를대학찰스대학이 구시가지 관광지의 핵을 이루고 있다는 것이 매우 흥미로웠다. 그 대학 한국학과 블라디미르 푸첵Vladimir Pucek 교수님의 안내를 받아 일반 관광객은 들어가지 못하는 구역에도 가 보았는데, 보존도 비교적 잘되어 있었다.

시청 시계탑의 이벤트는 관광객을 끌어 모으기에 충분했다. 매 시간 시계탑의 창문이 열리며 예수님의 열두 제자가 한 명씩 모습을 보이고 나면, 첨탑 끝에서 실제 사람이 나팔을 불어 시간을 알린다. 그 잠깐을 경험하고자 많은 관광객들이 일찍부터 자리 잡고 기다린다.

프라하에는 우리가 흔히 독일식으로 몰다우Moldau 라 부르고 있는 블타바Vltava 강이 흐르고 있고, 부다페스트와 마찬가지로 시가지 건너편에 왕궁 단지가 있다. 두 지역을 연결하는 찰스교는 보행자만 다닐 수 있는데, 다리 위에서는 허가받은 미술가들이 작품을 팔거나 직접 스케치를 해주고 있었다. 왕궁단지는 규모가 컸고, 내러티브적인 요소를 많이 갖추고 있었다. 건물의 이름, 업소의 이름이 전통 이름을 간직하고 있었으며, 주소도 이전 주소와 현대 주소를 병기하고 있었다.

프라하 성의 비투스 대성당

왕궁^{현재는 대통령궁}의 근위병 교대식도 근사했고, 그 밖에도 많은 이벤트가 있었다. 정말 관광객을 유인하는 방법을 아는 도시 같았다. 우리가 갔을 때에도 사람에 치이어서 다닐 수 없을 정도였으니 말이다. 같은 슬라브 권인 러시아 쪽에서 많은 관광객이 몰려들고 있었다. 길거리에는 관광객을 유인하기 위한 간판들이 현란하고, 관광객을 위한 각종 이벤트를 소개하는 포스터가 넘쳐난다. 관광 단지 바깥은 건물을 짓는 데 크게 구애를 받지 않는 것 같았다. 내가 묵었던 호텔은 20층짜리였고 과거에 주거용 아파트로 사용하던 것이었는데, 비록 도시의 외곽지역이긴 했지만 부다페스트에서는 찾아볼 수 없는 풍경이었다.

부쿠레슈티는 길림성의 어느 도시 같았다

부쿠레슈티^{루마니아의 수도}는 아쉬운 점이 많은 도시였다. 북서쪽에 있는 나라들과는 달리 이 나라는 지중해적 여유로움과 분주함이 중심적 정서를 이루고 있다. 그러나 안타깝게도 특정한 정치적 상황의 체험이 도시의 분위기를 많이 낮추어 놓은 것으로 보인다. 처음에 이 도시를 방문했을 때 나는 꼭 중국 길림성의 어디 지방 소도시를 들어간다는 느낌이었다. 고층의 주상복합 아파트는 중국 북방의 도시들에서 볼 수 있는 것과 비슷했고, 발코니에 빨래를 널어놓는 것과 같은 삶의 풍경도 매우 유사했다. 그것은 도시로 집중하는 루마니아 사람들의 열망을 상징하는 듯했다. 이전의 독재자는 도심의 주요 건물을 빼앗아서 프롤레타리아 빈민들에게 분배를 했다고 한다. 재정적 배경을 가지고 있는 귀족들이 건물에서 빠져나가고 그 건물의 용도가 단지 서민들의 거주 공간으로 바뀌자, 전통의 고급문화는 자취를 감추어버린 것이다.

중세적 유럽은 분명 아직도 이 도시에 줄기차게 남아 있지만, 대중적 생활이 그것을 침범한 것도 사실이다. 그래서 좀 어수선하다는 느낌이 많

이 들었다. 특히 주차하기가 매우 복잡했다. 심지어 도심에는 떼를 지어 어슬렁거리며 다니고 있는 버려진 개들도 많았다. 관광 자원은 적지 않지만, 관광객을 위한 배려가 부족하다는 느낌에, 많이 아쉬웠던 여행이었다.

베오그라드는 분주하다

세르비아의 수도 베오그라드Beograd에는 여름 방학 때 갔다. 이곳은 부다페스트보다도 더 낙후되어 있었고, 골목은 좁았다. 수도의 이름은 슬라브어로 '하얀 도시'라는 뜻으로서, 북쪽에 있는 추운 도시들보다는 겨울

베오그라드의 유명한 물음표 카페

철 석탄 가루의 침범을 덜 받을 법한데 도시의 인상은 그렇게 말끔한 것은 아니었다. 유고연방에서 벗어나 정치적 안정을 찾은 지 오래되지 않은 탓으로 보였다. 심지어 1999년에 나토의 폭격을 맞았던 방송국 건물은 현재도 앙상한 뼈대가 그대로 남아 있었다. 사람들의 마음에서 아직 그 상처가 치유되지 않았기 때문에 그냥 두고 있는지도 모른다.

하얀색을 느낄 수 있는 것은 세르비아 정교회의 성 사바교회The Serbian Orthodox Church of Saint Sava가 유일한 것 같았다. 부다페스트의 중심에서 국가의

칼레메그단 공원에서 체스를 두고 있는 세르비아 사람들

상징이 되고 있는 성 이슈트반Szent István 성당처럼, 이 교회도 세르비아 정교회의 창시자인 성 사바에게 헌정된 교회였다. 그러나 아쉽게도 아직도 공사 중이었고, 재정적인 이유로 언제 완공될지 모른다고 하였다. 하여튼 세르비아 정교회The Serbian Orthodox Church라고 불리는 이 나라의 고집스러운 신앙적 노선은 나라 곳곳에 산재해 있는 수도원Monastery을 통해서도 확인할 수 있지만, 베오그라드 박물관에서 재현해내고 있는 프레스코화에서도 진하게 느낄 수 있었다. 그러나 좁은 골목에 가득 들어선 자그마한 카페와 레스토랑들은 매우 정겹게 느껴졌다.

특히 칼레메그단Kalemegdan 요새로부터 시내에 이르는 크네즈 미하일로바Knez Mihajlova 거리는 밤늦게까지 관광객이 흥청거리는 곳이었다. 강변에 있는 칼레메그단 요새는 단지 관광지가 아니라 시민들의 휴식공간으로 활용되고 있어서 흥미로웠다. 저녁 무렵에는 운동하러 나온 사람들이 많았고, 공원의 벤치에서는 체스를 두고 있는 노인들이 많이 있었는데, 꼭 우리나라 공원에서 장기 두는 사람들처럼 친근하게 느껴졌다.

크로아티아, 슬로베니아 그리고 슬로바키아를 다녀오다

크로아티아의 자그레브Zagreb에는 단지 잠시 머물기만 한 관계로, 그리 큰 인상은 받지 못했다. 시내의 풍경은 여느 중유럽 중소도시와 비슷했다. 페치에 자그레브 교향악단이 다녀간 적이 있었는데, 한 나라의 수도에 있는 오케스트라였지만 헝가리 소도시인 페치의 청중을 만족시킬 만한 수준은 아니었다. 음악의 연주는 도시의 문화적 역량과 밀접한 관계가 있지 않을까 싶었다. 크로아티아의 특징은 내륙의 도시가 아니라, 우리가 가보았던 남쪽의 스플리트Split나 트로지르Trogir, 북쪽의 리에카Rijeka나 풀라Pula 같은 아드리아Adria 해변의 명소에서 잘 나타난다. 오래된 로마제국의 유적이 그대로 남아 있고, 짙푸른 아드리아 해의 바닷바람을 맞고 있는 풍경이 중유럽의 관점에서도 아주 이국적이었다. 그래서 그런지 북유럽의 여행자들이 여름철에 물밀듯 밀어닥치는 곳이다. 당연히 물가도 비싸고, 자동차와 여행자로 북적거리는 좁은 길을 헤쳐 나가기도 힘들었다.

슬로베니아Slovenia에서는 수도인 류블랴나나 기타 관광지를 찾아가지는 않았다. 오스트리아 잘츠부르크에서 페치로 귀환하는 경로를 좀 돌려서 마리보르Maribor에서 1박을 했던 것이다. 지도에는 이 도시 이름이 크게 나오지만, 막상 가 보니 생각만큼 규모는 크지 않았다. 드라바 강에 접하고 있는 이 도시에는 약간의 유적이 남아 있을 뿐이었다. 바로 이 강이 슬로베니아로부터 크로아티아로 전개되어 가다가 페치 아래쪽의 국경지대를 거쳐 가는 강이었던 것이다.

슬로바키아Slovakia의 브라티슬라바Bratislava는 외곽만 지나쳤기 때문에 정확한 평가는 어렵다. 이전 체코슬로바키아 시절부터 이곳은 하나의 변방이었고, 한동안은 헝가리의 수도이기도 했지만, 보존해야 할 문화적 자원에 대한 배려보다는 현대화에 대한 관심이 훨씬 컸던 도시라는 인상을 받았다. 도시 외곽에는 수없이 많은 기업 광고판이 널려 있었는데, 그중에 'SlovaKIA'라는 간판이 눈에 띄었다. 기아KIA 자동차 공장이 이 나라에 있는데, 이를 이용하여 위트를 발휘한 문구를 만들어 놓은 것이다.

우리의 수도는 야경이 빼어나다

이제 '우리의 수도' 부다페스트 차례다. 페치에 머물면서 부다페스트에는 평균 한 달에 한 번 정도 갔던 것 같다. 이 도시는 다른 도시에 비해 비교적 중세적 외양을 많이 갖추고 있다. 물론 페치는 제외하고 말이다. 거의 도시 전체가 근대 이전의 건축물로 구성되어 있는데, 많이 낡아 있다는 것이 솔직한 느낌이다.

지하철은 유럽 대륙에서 최초로 설치되었다는 점에서 유명하다. 어느 노선은 땅속으로 깊이에서 운행하는데다가, 거기를 내려가는 에스컬레이터 속도가 아주 빨라서 한국 사람은 적응하기가 쉽지 않다. 그에 비해 가장 오래된 노란색 1호선은 계단 몇 개만 내려가면 바로 정거장이 나온다. 협궤열차라서 무슨 놀이공원의 유람열차 같은 분위기가 나고, 안내 방송 전후로 나오는 시그널 음악은 마치 옛날 컴퓨터 게임기에서 나는 소리 같기도 하다.

성 이슈트반Szent István 성당은 이제 이전의 때를 완전히 벗었고, 주변 골목의 보도는 두툼한 화강석 타일로 포장되어 있으며, 여행자들을 위해 자동차의 진입을 제한하고 있다.

그러나 부다페스트의 강점은 역시 밤에 드러난다. 원 데이 투어one day tour로 낮에만 다녀가면 진정한 부다페스트 관광이라고 할 수 없다. 부다페스트의 중심을 흘러가는 다뉴브 저쪽의 부다Buda 지역에는 부다 왕궁과 어부의 요새 등이 있고, 이쪽 페스트Pest 지역에는 국회의사당이 있는데, 이 건물들에 대한 조명을 경험하지 못하기 때문이다.

마치성당의 야경

▲ 헝가리 왕궁의 야경
▼ 부다페스트 야경. 두너 강변의 국회의사당

　두 지역을 연결하는 다리^{대표적인 것은 세체니 다리}에도 조명이 들어오고, 유람선의 장식 전구들도 그 야경에 일조를 한다. 이러한 야경은 어느 도시도 따라오지 못하며, 일설에 의하면 중국 상하이 푸둥 강변의 조명은 이 부다페스트를 벤치마킹했다고 한다.

　그 외에도 런던^{London, 영국}, 드레스덴^{Dresden, 독일} 등도 다녀왔는데, 중유럽의 범위를 벗어나므로 여기서는 말하지 않기로 한다. 도시 탐방의 리포트를 마무리하면서 이제 평점을 매겨 볼까 한다. 역시 최고 평점은 프라하^{Praha}

겔레르트 언덕에서 바라본 부다페스트 야경·

다. 함께 여행을 했던 사람들도 공감을 했다. 너무 관광지 같은 느낌만 빼면, 길거리를 뒤덮고 있는 간판들만 제거한다면 참 매력 있는 도시라고 할 수 있다. 그다음은 부다페스트 Budapest 다. 중세 유럽을 방해하는 현대식 간판들이 프라하에 비해 아주 적다. 그리고 야경만큼은 세계 최고다. 빈 Wien 이 그다음이다. 깨끗하기는 하지만 현대적이라는 느낌이 아쉽다. 유로화를 써야 하는 것도 약점이다.

6

너의 정을
뒤로하고
나는 가노라

너의 정을 뒤로하고 나는 가노라

●첫 번째 이야기●

개인인가,
국가인가

●

개인은 국가의 일부분이고, 개인이 모여서 국가를 이루는 것이기 때문에 일반적으로 국가가 가난하면 국민도 가난하고, 개인이 잘 살면 국가도 넉넉하다고 할 수 있다. 또 특히 이상적인 사회주의사회에서는 개인과 국가가 자동차의 앞바퀴와 뒷바퀴처럼 서로 연결되어 보조를 맞추는 것이 당연한 일일 것이다. 하지만, 그건 그냥 논리적인 설명일 뿐, 국가의 정책에 따라서 국가와 개인은 서로 다른 처지, 입장, 형편을 가질 수 있다. 말하자면 국가의 형편과 개인의 형편 사이에 괴리가 있을 수 있다는 것이다. 그래서 일본처럼 국가는 부자인데 개인은 가난한 현상이 벌어지기도 한다.

미국에 살 때, 인터스테이트interstate 고속도로를 타고 여행을 해보면 경계 표시가 없더라도 주state가 바뀐 것을 알아챌 수 있었다. 도로의 포장과 관리 상태가 달라서 운전자가 그것을 몸으로 금방 느낄 수 있었던 것이다. 크게 보면 한 나라이지만 엄연히 주마다 경제가 다르고 세금에 차이가 나니, 잘사는 주도 있고, 못사는 주도 있었다. 주의 경제 형편을 일차적으로 알아볼 수 있는 것이 바로 도로의 관리 상태다. 도로의 상태는 그 주에 거주하는 사람들의 집의 관리 상태와 서로 통했다.

다른 나라에서 온 여행자가 헝가리의 지방 도시에서 일차적으로 느끼게 되는 것은 썩 좋지는 않은 도로 상태일 것이다. 과장되게 말한다면 단 50m도 곱게 가기가 힘들 정도로 도로의 포장 상태가 안 좋다. 특히 시내 도로가 그렇다.

겨울이 지나고 나면서 여기저기 도로가 엉망이 되었음에도 페치 시의 행정당국에서 내린 처방은 그냥 땜질하고, 덧씌우는 것이었다. 일 년 동안 단 한 차례도 한국식으로 도로 전체를 재포장하는 것은 보지 못했다. 인도와 차도를 구분지어 주는 콘크리트 경계석도 거의 관리가 안 되고 있었다. 여름철에는 길가의 가로수가 방임 상태로 놓여 있었고, 도로 주변의 잡풀도 무성하기만 했다. 그래서 도심의 도로가 만들어내는 풍경은 별로 아름답지 못했다.

재미있는 것은 워낙 덧씌우는 포장공사가 많아서인지는 몰라도 이곳의 땜질 능력은 대단히 좋다는 것이다. 한국에서는 여름 장마 후에 일정 구간의 도로를 다 뒤집어서 재포장을 해도 곧바로 구멍이 나는 경우가 많은데, 이곳은 매우 단단하고도 매끄럽게 포장을 해놓는다. 그러나 아무리 잘해 놓더라도 시간이 지나면 덧씌우기를 한 부분과 그렇지 않은 부분과는 높낮이에 차이가 생기기 마련이다. 여러 해를 지나면서 결국 도로는 삼층, 사층 도로가 되고 만다.

도로변의 가정집은 어떠할까? 그 풍경은 사뭇 다르다. 겨울이 지나고 나자 많은 집들이 새 단장을 한다. 우선 전체적으로 외벽에 밝은 페인트로 도색을 하고, 겨우내 얼었다 녹았다를 반복하면서 물러져 버린 콘크리트 부분은 땜질로 보수된다. 더러 바닥 타일도 새로 바꾸고, 철망 담장도 새로 도색을 한다. 외벽이 많이 낡아버린 집들은 바깥쪽으로 스티로폼을 대고 시멘트 모르타르로 마무리를 하여 단열 처리까지 하기도 한다. 대학 주변의 집들은 아예 리모델링을 하는 경우도 있다. 정원 관리는 거주자가 <u>스스로</u> 하는 것 같은데, 마치 전문적인 정원사들이 해놓은 것처럼 조화롭다. 풀이 왕성하게 자라는 계절에는 잔디 깎기가 수시로 이루어진다. 시내에 있는 집이라도, 담장은 아주 낮거나 철망으로 되어 있어서, 집 안 정원에 가꾸는 화초나 유실수가 행인들의 눈을 즐겁게 해준다.

관리가 안 되는 도로와 그 양쪽에 자리한 멋진 주택들! 이런 기묘한 어울림을 어떻게 설명할 수 있을까? 이 나라의 경제를 구체적으로 뜯어볼 수 있는 기회도 없고 그런 자료를 준다고 해도 제대로 해석할 능력도 없지만, 이것은 확실한 것 같다. 즉, 나라는 서민 수준인데, 개인은 중산층 수준이라고 말이다. 정부에 돈이 없고, 있다고 해도 도로나 기타 사회간접자본에 대한 투자는 우선순위에서 밀려나 있는 것은 분명하다. 그러나 국가가 가난한데 개인이라고 넉넉한 형편은 아니지 않겠는가?

퇴직자들 대부분이 연금에 의존하여 살아가고 있는 상황에서, 정부가 정책을 바꾸어 연금이 자꾸만 줄어들고 있으니, 노인들의 걱정이 이만저만이 아니라고 한다. 쓸 만한 주택을 소유하고 있던 은퇴노인들도 연금이 줄어들어 이제는 거의 하우스 푸어_{house poor}로의 전락을 염려해야 하는 처지가 되었다. 아직 생산 활동에 참여하지 않고 있는 대학생들은 당연히 형편이 어려울 수밖에 없을 것이다.

한국어 클래스에 들어오는 어떤 여학생이 내게 보낸 이메일은 그런 사정을 잘 말해주고 있다. 나는 페치 의과대학에서 주최하는 '국제학생의 날' 행사에 참석하도록 한국어 수업 받는 학생들에게 권유했다. 그 행사에 오면 한국 음식도 체험할 수 있고, 한국 학생도 만날 수 있으니 한국을 이해하는 데 좋은 기회가 될 것이라고 제안을 했던 터였다.

그 학생은 내 말대로 행사장 입구까지는 왔다고 했다. 하지만 입장료 1,500포린트_{한국 돈 7,500원 정도}가 없어서 이내 되돌아갈 수밖에 없었다고 메일에 써놓았다. 자기 아버지와 함께 왔었는데 아버지도 입장료를 대줄 형편이 아니었던 것이다. 매우 애석하고도 미안한 일이었다. 학생들의 처지를 미리 알았더라면 아예 초청을 하지 않든지, 아니면 개인적으로 장학금이라도 지급을 했을 텐데 하는 아쉬움이 남았다.

집 주변의 도로가 헝가리에서처럼 엉망이 된다면, 한국에서는 지역 주민들이 플래카드를 들거나 머리띠를 하고 관청에 몰려갈 것이다. 그러고는 민원실을 점거하고, 시장과의 대화를 요구하며 왜 도로 포장을 안 해주느냐고, 왜 집값 떨어지게 하느냐고 시위라도 할 것이다. 하지만 여기서는 그런 풍경을 보기가 힘들다. 이곳 사람들은 인내심이 강한지, 아니면 별 불편을 느끼지 못해서인지 조용하게 있을 뿐이다(물론 부다페스트에서는 정책에 대한 시위가 가끔 열린다).

그렇다고 불만이 없지는 않았다. 모하치에 사는 은퇴교수 한 분은 나와의 대담에서 자기네 정치가들을 신랄하게 비판하곤 했다. 정부 입장에서 할 말이 없지는 않을 것이다. 세금 좀 더 걷자고 하면 극력 반대하는 사람들이, 연금 줄이겠다고 하면 도무지 받아들이지 않는 사람들이 도로 재포장 운운하느냐고 말이다. 헝가리 시민들 역시 현재로서는 공공시설의 관리보다는 연금을 유지하는 데 국가 예산이 쓰이기를 바라는 것으로 보인다.

나는 헝가리의 경제문제나 사회보장제도에 대해 이렇다 저렇다 말할 자격도 없고, 무슨 방안을 제시할 만한 능력도 없는 이방인에 불과한 사람이다. 그러나 문제를 제도나 정책을 통해 개선하기보다는 우선 작은 일부터 힘을 모으면 좋겠다는 생각이다. 하향식top-down으로보다는 상향식bottom-up으로 접근하자는 것이다. 헝가리 시민들이 자기 집을 깨끗이 유지하고 관리하는 마음을 조금만 넓히면 어떨까 한다. 자기 집의 뜰을 잘 가꾸는 마음으로 자기 집 앞 도로의 청결에도 공동으로 관심을 가졌으면 한다. 우선 당장 보기 좋지 않은 도로변 화단의 덤불이라도 이웃과 함께 제거했으면 하는 것이다.

　한국에서는 3공화국 시절에 학생들까지 동원하여 동네 청소를 한 일
도 있었는데, 그렇게까지는 하지 않더라도, 동네 주민들이 두레 같은 것
을 결성하고 하루 날을 잡아 잡초 제거라도 했으면 싶다. 겨울에 눈이 왔
을 때는 우리 아파트 주차장에 쌓인 눈을 나 혼자 치우곤 했다. 자원봉사
volunteer의 정신이 부족한지, 아니면 그러한 활동을 조직할 만한 조직력이
없는지는 몰라도, 동네 단위의 활동은 거의 보이지 않았다. 만일 그런 활
동이 공지된다면, 나도 엄연한 페치의 주민으로서 그 활동에 참여할 의
사가 있었는데 말이다.

너의 정을 뒤로하고 나는 가노라

귀소본능과
가족

하루의 해가 저물면, 사람들은 분주히 자기 보금자리로 돌아간다. 어떤 신학자는 그러한 사람들의 모습을 보고, 인생이 저물 때에 어디로 돌아갈까를 생각하면서 신학神學의 길로 접어들었다 한다. 흔히 이러한 인간 혹은 동물의 특성을 귀소본능歸巢本能이라 부른다. 동물 중에서 유난히 조류가 이러한 본능을 잘 보이기 때문에 그 말에 새들의 보금자리巢라는 글자가 포함된 것이다.

인생은 혈기가 한창 왕성할 때에는 이성을 좇아, 돈을 좇아, 명예를 좇아, 멋진 풍경을 좇아 자의반타의반으로 이러저러한 곳을 헤매다가도, 황혼기에 이르면 누구나 자기 고향을 떠올린다. 그래서 귀향歸鄕이란 말도 있는 것이다. 평생 딴짓을 하며 살던 바람둥이도 늘그막에는 슬그머니 조강지처의 집을 기웃거린다. 보금자리, 그리고 고향은 확실히 사람의 일생에서 평온과 친숙, 그리고 안정 같은 어휘와 연결된다.

헝가리에서 몇몇 현지인들과 교제할 수 있는 기회가 있었다. 그런데 그들 중 다수가 공교롭게도 바깥에 살다가 다시 헝가리로 돌아온 사람들이었다. 그들이 살았던 곳은, 더 선진국인 미국, 영국, 캐나다, 벨기에 같은 곳이었다. 그리고 그곳에서 전문직으로 남부럽지 않게 살던 사람들이었다. 조국을 떠날 만한 이유가 충분했고, 타국에서 넉넉한 생활을 하던 사람들이 그리 늦은 나이가 아님에도 불구하고 헝가리로 돌아오는 것은 대체 무슨 까닭일까? 나 같으면, 그런 경우에 아이들 교육이란 명분으로 쉽사리 돌아오지 못할 것이다. 앞에 든 나라처럼 의료보장이나 사회복지가 잘되어 있는 국가라면 더더욱 돌아올 생각이 나지 않을 것이다. 그들은 해외 체류의 자격 문제도 걸림돌이 되지 않았다. 그럼에도 불구하고, 아직 어린 아이들을 데리고 굳이 고국으로 돌아온 것이다.

그 해답은 그들에게 묻지 않고서는 알 수 없는 것이기에 나는 한때 벨기에서 살았던 안나에게 조심스럽게 물어보았다. '가족family'이라는 대답이 돌아왔다. 해외에서도 자기 가족들과 함께 살았지만, 이들이 돌아와야 하는 가족은 그 범위가 다소 넓었다. 심지어는 이제 중학교를 막 졸업하는 여자아이조차도 벨기에보다는 조국이 좋으며, 그 이유는 할아버지, 할머니 그리고 친척들이 있기 때문이라고 당당하게 말하는 것이다.

안나 외가의 가문은 대대로 모하치에 터 잡고 살면서, 그 도시에 많은 기여를 한 집안이었다. 그 집안의 조상 중 한 분은 모하치에 교육기관을 설립하였다 하고, 외할머니는 70이 넘은 나이에도 현재 공립학교 치과의사로 활동하고 있으며, 그 외에도 많은 친척들이 주로 전문직에서 일하고 있다고 한다. 조국의 공산화 과정에서 핍박을 당하고, 온갖 권리를 앗긴 안나 외할아버지는 캐나다에서 교수직을 던지고 그곳에서 태어나 시민권까지 취득한 자녀들을 이끌고 이곳 모하치로 돌아온 것이었다. 모하치의 두너 강변에 안나 외할아버지 집에 잇대어서 이 친척 집들이 자리하고 있었다. 그는 인생의 말년에 자기 집안의 가족사를 정리하고 있다고 했다.

영국 웨일스에서 전문의로 일하던 중년 남자는 이제 자기 어머니를 보

살펴야 한다면서 헝가리보다 훨씬 높은 급료와 환경을 포기하고 귀국하려 하였다. 헝가리는 자기네가 대대로 터를 지키고 살아온 곳이었고, 집안사람들이 터 잡고 사는 곳이었던 것이다.

원래 대가족제이던 한국은 이제 완전히 핵가족이 되어버렸고 심지어는 1인 가정도 적지 않다. 헝가리에서도 거의 모두가 핵가족으로 살아가고 있다. 그러나 생활은 각각 하되 명절이나, 이러저러한 기회에 집안의 식구들이 모여서 음식을 나누고, 이야기를 하는 것을 큰 즐거움으로 여긴다.

펄루디 페렌츠Faludy Ferenc에 살 때, 집주인은 명절에 친척들과 함께 술을 너무 많이 마셨다고 스스로 탄식처럼 말하곤 했다. 이런 점에서 우리의 명절 분위기와 비슷한 점이 있다.

가정은 사회의 핵심적인 기초다. 가정이 해체되고 파괴되면 사회라

모하치 두너 강변에서 안나 네 식구들과 함께. 안나의 형제는 모두 5명이나 되는데, 안나는 유일한 딸이다.

고 온전할 수 없다. 가정이 바로 서고 질서가 잡히면 사회는 건전하게 된다. 헝가리는 이러한 가정적 질서가 분명하고, 사회도 건전한 것으로 보인다. 사람들이 순하고, 여유가 있는 것은 그 밑바닥에 가정에 대한 믿음, 가족에 대한 신뢰가 자리 잡고 있기 때문일 것이다.

나는 연말이면 정해진 기간이 끝나고 고국으로 돌아가야 한다. 그런데 자꾸만 다시 이곳으로 돌아와야 하지 않나 하는 생각이 든다. 아무래도 이 사람들의 귀소본능이 묘한 방식으로 나를 끌어들이고 있나 보다.

너의 정을 뒤로하고 나는 가노라

● 세 번째 이야기 ●

메리치 임레 박사
이야기

●

11월 중순에 나는 모하치에 사는 안나 아버지 버이노치 팔$^{Bajnoczi\ Pál}$ 박사와 토르마시^{Tormás}라는 마을에 다녀왔다. 사실 우리가 처음 만났을 때부터 안나 아빠가 한번 갑시다 했는데, 서로 일정이 어긋나서 못 가고 있다가, 안나 아빠는 안나 아빠대로, 또 나는 나대로 한번 꼭 가보자 해서 겨우 날짜를 잡은 것이다.

토르마시는 페치에서 메첵 뒤쪽으로 한 시간 반 정도를 가야 하는 곳이었다. 좀 궁벽한 곳으로서 그냥 지나가다 들를 수 있는 곳은 아니었다. 처음 도착했을 때 무척이나 조그맣고 조용한 시골 마을이라는 인상을 받았다. 이런 곳에 뭐 그리 대단한 것이 있으리오 하는 생각이 들 정도로 낙후된 곳이었다. 안나 아빠가 나를 그곳으로 인도한 것은 메리치 임레 박사$^{Dr.\ Merics\ Imre}$라는 분을 소개하려는 것이었다. 이분 역시 안나 아빠와 마찬가지로 수의사였고, 안나 아빠는 동료^{colleague}라는 표현을 썼지만 나이로 보면 안나 아빠의 부친뻘 되는 분이었다.

처음 그의 집에 들어갔을 때 무엇인가 잡다하다는 느낌이 들었다. 정말 어수선했다. 가지고 간 카메라를 선뜻 들고 싶은 생각이 안 났다. 그러나 메리치 박사가 헝가리 전통 수공예품과 생활용품들을 하나씩 진지하게 그러나 천식으로 가쁜 숨과 약간 쉰 목소리로 이야기해 나감과 더불어, 나는 점점 그의 컬렉션에 몰입되기 시작했다.

집에 소장한 수많은 작품들에 대한 설명이 끝나니, 그는 우리를 다른 집으로 안내하겠다고 한다. 이미 밤이 많이 깊어서 동네는 아주 어두웠다. 우리가 잠깐 걸어서 도착한 곳은 오래된 헝가리 전통 가옥이었다. 잡풀들이 우거진 곳을 더듬어서 집 안으로 들어갔다. 낡은 백열등을 켜니 그 가옥에 빽빽하게 진열된 전통 생활용품과 공예품들이 눈에 들어왔다. 말하자면 그 집은 그 자체가 하나의 민속촌이 되어 있었던 것이다.

나는 주저할 틈 없이 셔터를 눌러댔다. 그도 신이 나서, 목동들이 사용하던 지팡이의 문양을 설명할 때는 직접 시범을 보이기도 했다. 한쪽 구석에는 내 눈에 익숙한 싱거Singer 재봉틀도 있었다. 그리고 정말 오래된 진공관 라디오도 있었다. 메리치 박사가 손을 대자 한참 후에야 소리가 들려오기 시작했다. 민속촌 투어가 끝나자 또 다른 집으로 안내하겠다고 한다.

이번에는 제법 현대식 건물이었다. 바깥 날씨가 무척 차가워져서 아내는 메리치 박사의 집으로 돌아갔고 나와 안나 아빠는 새로운 집에 전시된 현대미술품을 감상하게 되었다. 메리치 박사가 특히 관심을 가지는 것은 현대미술인 듯했다. 거실이며, 방마다 온통 헝가리의 현대 미술가들의 유화며 조각 작품들이 진열되어 있었다. 2층으로 된 집의 방마다 벽과 바닥에 작품이 넘쳐났다. 회화 작품에는 주로 아방가르드 계열 작품이 많았고, 큐비즘 스타일의 작품도 간간이 눈에 띄었다. 엄청난 갤러리였다. 그저 탄성만 나올 뿐이었다.

돈으로 쳐도 엄청난 가치가 있는 것으로 보였다. 그러나 메리치 박사는 사진 찍는 것을 방해하지 않았다. 외딴 시골에서 수의사를 하는 분이

Dr. Kim Byongsun, Published by Epistle Publishers, 2012

The Museum of Hungarian Contemporary Art and Folk Craft

Dr.
Merics
Imre

메리치 임레 박사 이야기 표지

이렇게 많은 작품을 어떻게 수집했을까 하는 의문이 들었다. 그것은 거의 기적에 가까운 일이었다. 그는 우리의 의문에 기꺼이 대답을 해주었다. 싹수가 있는 젊은 작가를 발굴해서 작품의 값이 아직 저렴할 때 미리 사놓는 것이 비결이었다. 여름철이면 자신이 소유한 공간을 그들에게 내주어서 작품 활동을 하게 하고는 그들이 밥값으로 남기고 가는 몇 작품을 받아놓기도 했단다. 그의 열정적 활동으로 작은 마을 토르마시는 이제 하나의 보물 창고가 되어버린 것이다.

관람을 마치고 다시 본댁으로 돌아와, 메리치 박사 내외분이 준비한 사슴 고기 스튜를 먹었다. 사슴은 그가 사냥으로 직접 잡은 것이었다. 우리 아이들까지 함께 오는 줄로 알고 많이 준비해놓았다면서 그것까지 다 책임지라고 하신다. 안나 집에서 한 번 먹어본 일이 있는 고기이기에 낯설지는 않았다. 아주 담백한 육질에 약간의 독특한 향이 있었으나 파프리카로 잘 마무리해놓은 음식이었다. 메리치 박사는 무조건 "많이 먹으라!"고 연신 권한다. 그건 우리네 시골에서 만날 수 있는 어느 노인과 다르지 않았다. 돌아 나올 때에는 집에서 만든 포도주를 2리터짜리 병에 담아주기까지 했다.

그는 헝가리에서도 미술 애호가로 이름난 분이며, 그 공로로 코슈트상Kossuth Award을 지난 9월에 받으셨다고 한다. 나는 또 오고 싶었다. 그는 나중에 헝가리에 정착하러 올 때는 자기 동네로 오라고 한다. 그러려면 10년 가까이 기다려야 하며, 그때까지 건강하셔야 한다고 했더니 메리치 박사 왈, '당신 걱정이나 하시지!'라며 호기 있게 반응하신다. 하긴 정말 정열만큼은 어느 젊은이 못지않은 분이니 그때까지도 왕성하게 미술품 수집을 하리라 믿었다.

그래, 그분은 쉽게 활동을 그만두면 안 된다. 대체 저 미술품을 어떻게 누가 관리할 수 있단 말인가? 그는 마지막으로 내게 오늘 찍은 사진 좀 보내달라고 하신다.

"당연히……."

나는 돌아오자마자 부랴부랴 전자책을 만들기 시작했다. 그것을 컬러 프린터로 출력하고 스프링으로 제본한 다음에 원본 사진 파일을 DVD에 담아서 세트를 만들었다. 그리고 안나 아빠에게 전해달라고 부탁했다. 이번에는 소략하게 만들었지만 나중에 기회가 닿는다면 그의 컬렉션을 모두 필름에 담고 싶다는 뜻도 표했다. 어느새 나는 그의 찬양자가 되어 버린 것이다.

토르마시를 떠난 메리치 박사

한국으로 돌아와서 3개월이 지난 후에 안나 아빠에게서 이메일을 받았다. 그의 표현대로 '슬픈 소식'이었다. 메리치 임레 박사가 하늘나라로 가셨다는 것이다. 향년 72세. 혈관 질환으로 얼마간 병원에 입원해 있다가 그만 돌아가셨다고 한다. 두 아들은 어머니를 도시로 모셔 가고자 했으나, 메리치 부인은 남편의 열정이 고스란히 남아 있는 토르마시에 남겠다고 했단다.

그가 세상을 떠난 날, 토르마시 마을에서는 더 이상 그의 목소리를 들을 수 없게 되었을 것이다. 그렇지만 하늘나라는 메리치 박사의 호탕한 웃음으로 다소간 소란스러워지지 않았을까 싶다.

너의 정을 뒤로하고 나는 가노라

●네 번째 이야기●

구걸하지 않는
걸인들

●

이들을 과연 무어라 불러야 좋을까? 남들이 다 자기 집을 찾아 돌아가는 늦은 밤에도 여전히 거리를 배회하며 행인들에게 적은 푼돈을 바라고 있는 사람들 말이다. 가장 손쉬운 말이 '거지'다. 좀 더 문학적인 표현으로는 '걸인乞人'이라고도 한다. 옛날에는 다리 밑에 거적이라도 치고 나름대로 자기 집입네 하던 그들이지만 요즘엔 그냥 도심에서 밤을 지새우기도 한다. 그런 점에서 이들을 '집 없는 자homeless'라는 편견 없는 말로 부르기도 한다. 단지 집만 없지, 자기 생업을 가지고 있는 사람도 있으니 말이다.

국민소득이 세계 최고 수준인 스웨덴, 노르웨이 같은 복지국가에는 아직 가 보지 못해서 그런 나라에도 과연 거지가 있을까 하는 의문이 해소되지는 못했지만 내가 가본 웬만한 선진국에는 다 거지가 있었다. 물론 거지라고 표현하기에는 미안한 사람들도 있다. 거리의 악사 같은 사람들 말이다. 나는 어느 곳에서든지, 음악을 연주하는 구걸자들에게는 꼭 동전 몇 푼이라도 놓고 간다.

그런데 이곳 헝가리, 내가 사는 페치에도 거지가 있다. 어쩌면 그들 중 상당수는 로마족^{집시}으로 보이기도 한다. 이들은 대부분 대형 마트를 본 거지로 삼고 있다. A마트에는 하얀 수염을 기른 사람이, B마트에는 조금은 사납게 보이는 여자가 항상 진치고 있는 것을 보면 어느 정도는 자기 구역이 있는 것으로 보인다. 유럽의 관광지에서 관광객이 다니는 길가에 그저 절하듯이 몸을 굽히고 동전을 갈구하는 모습의 거지들과 달리 이곳의 거지는 그냥 마트 문 옆에 하릴없이 서 있을 뿐이다. 그들은 대부분 낡은 장바구니 하나를 들고 있으며, 낡은 의복과 더부룩한 머리, 그리고 남자라면 긴 수염을, 여자라면 긴 생머리를 하고 있다.

처음에는 이들이 거지일까, 아닐까 자신할 수 없었다. 행색은 거지처럼 보이지만 섣불리 적선이라도 했다가 뜻밖의 봉변을 당할 수도 있기에 그냥 오래 지켜볼 수밖에 없었다. 그러나 어쩌다 그들에게 적선을 하고 가는 현지인들을 보면서 거지라는 것을 확인했다. 내가 약간 고민했던 이유는, 결코 그들이 구걸하지 않기 때문이다. 그들은 대부분 물건을 나르는 카트 보관소 옆에 자리를 잡고 있다. 차에다 물건을 싣고 난 다음에 손님들이 반드시 카트를 제자리에 돌려놓아야 하기 때문에 이 거지들을 접촉하지 않을 수 없게 된다. 이 거지들의 전략은 오로지 좋은 목에 자리 잡는 것뿐이다.

참으로 순한 거지들이다. 결코 사람들의 마음을 불편하게 하지도 않는다. 자세히 바라다보면, 유럽인들이어서 그런지 이목구비도 선명하고, 긴 수염 덕분에 그 모습 그대로 대학 캠퍼스에라도 간다면 학생들이 고개 숙여 인사할 수도 있을 것 같은 모습이다. 세상에 이처럼 차분한 거지가 어디 또 있을까 싶다.

이러한 그들의 태도 덕분에 제대로 적선 한 번 한 적이 없는 나도 마음에 부담을 느끼지 않았다. '우는 아이 젖 준다'는 속담이 이 나라에는 없는 모양이다. 그들은 결코 보채지 않는다. 피골이 상접한 것도 아니고, 장애를 입은 것도 아니고, 허기져서 애처로운 표정을 짓는 것도 아닌 그들에게 선뜻 동전을 내밀기가 어려웠다.

더러는 화가 나기도 한다. 나라면 카트를 차 옆에 대고 물건을 싣고 있는 손님 곁에 가서 자기가 카트를 돌려놓겠다고 얘기할 것 같다. 왜냐하면 그 수고의 대가는 100포린트에 달하기 때문이다. 손님들 입장에서는 물건을 싣고 카트를 돌려놓는 것이 여간 번거로운 일이 아니기 때문에 충분히 협상이 이루어질 수 있다고 본다. 그 돈^{한국 돈으로 500원}이면, 주식으로 먹는 빵을 다섯 개는 살 수 있다. 몇 사람만 협조해 주면, 식료품 값이 저렴한 헝가리에서는 근사한 식탁을 차릴 수도 있다.

그냥 그들이 하염없이 서 있는 것은 내가 생각하는 저러한 역학관계가 과거에 몇 차례 실패한 경험에서 비롯했을 수도 있다. 그러나 이들을 포함해서 일반적으로 헝가리 사람들이 자기를 적극적으로 선전하는 데에는 요령이 없다는 것이 나의 결론이다. 마켓에서 하는 판촉 행사도 별로 없지만, 행사를 한다고 해도 판촉사원들이 그냥 멀뚱멀뚱 서 있는 경우가 더 많다.

'사도 그만, 안 사도 그만……'

이런 풍경은 한국과는 사뭇 다른 모습이다.

아파트 단지의 쓰레기통을 뒤지는 사람도 심심치 않게 발견할 수 있다. 거지는 아닌 것 같은 사람들이 아이들과 함께 그런 장면을 연출하는 적도 있어서 그럴 때면 나는 그들과 눈을 마주치지 않으려 애를 쓴다. 그들도 다소간 어둑할 때 남의 이목을 피해 나온다.

그런데 언젠가 한 사람이 나에게로 다가왔다. 뜻밖이었다. 그는 애처로운 표정을 지었다. 한 손을 자신의 배로 가져가면서 아주 작은 소리로 얘기를 건네 왔다. 무슨 소리인지 충분히 알 수 있었다. 나는 그의 행동에 보상하기로 마음먹었다. 주머니에 손을 넣어보니 물건을 사고 거슬러 받은 동전이 집혔다. 약소했지만 그의 손에 쥐어주었다. 미안했다. 하지만 시장기는 충분히 해결할 수 있을 것이었다. 그리고 그 뒤로 등산길 입구에서 강아지를 데리고 노는 어떤 이에게 먼저 500포린트 동전을 내밀어 보았다. 다행히 그는 선뜻 받았다. 내가 등산을 다 마치고 내려오자, 그는 손을 번쩍 들어 반가운 표정을 지어주었다.

'가난 구제는 나라님도 못 한다'는 한국 속담이 있다. 어느 나라나 마찬가지라 생각한다. 국민소득이 한국보다 두 배 이상 많은 일본 도쿄에서도 그런 구걸자들을 쉽게 만날 수 있었다. 러시아 이르쿠츠크Irkutsk에선 아내에게 이혼 당하고 길거리로 쫓겨난 은퇴자들이 홈리스가 되어 구걸 행각을 하는 것을 목격하기도 했다. 한국에서는 더러 직업적인 걸인들도 볼 수 있다.

나는 홈리스를 일거에 해결할 수 있는 어떠한 아이디어도 가지고 있지 않다. 그런 능력도 나에게는 없다. 그러나 도움을 바라는 눈빛을 만나면 그것을 회피할 생각은 없다. 헝가리의 구걸하지 않는 걸인들을 보면서 그 자존심, 그 의연함에 대해서 아직은 이해하지 못하고 있을 뿐이다. 언제든 내 차 옆으로 와서 그냥 밝은 모습으로 카트를 대신 옮겨놓겠다는 신호를 주면 기꺼이 '쾨쇠놈고맙다는 뜻의 헝가리 말'이라 말할 것이다.

너의 정을 뒤로하고 나는 가노라

왜 페치의대에
갔을까

●

이번의 해외 파견지로 헝가리 페치를 선택한 것은 순전히 그곳에서 공부하고 있는 아이들 때문(혹은 덕분)이다. 만일 한국학을 지원해준다는 생각이 더 컸다면 한국학과가 있는 부다페스트의 엘테대학으로 갔을 것이다. 2000년에 미국에 갔을 때는 아빠 때문(혹은 덕분)에 아이들이 따라간 것이라면, 이번에는 우리가 아이들을 좇아간 꼴이었다. 두 아들 여름이와 아람이는 페치대학교의 의과대학에서 공부한다. 한국의 젊은이들이 지구의 반대편, 정말 낯선 땅에서 공부하게 된 연유는 대체 무엇인가?

그런데 사실 한국과 헝가리의 인연은 의사로부터 시작되었다. 대한민국과 헝가리의 외교관계는 1989년 2월에 수립되었다. 구소련의 영향 아래 있던 사회주의권 국가 중에서 처음으로 헝가리와 외교관계를 맺은 것이다. 이미 1948년부터 외교관계에 있었던 북한은 한국과의 수교를 '배신 행위'라고 비판하였고, 1999년부터는 상호 상주 대사관이 없는 상태이다. 그러나 이미 1892년에 오스트리아 · 헝가리 연합제국 시절에 우리 조선과의 우호통상항해조약이 체결된 바 있었다. 이 시기는 헝가리의 영토가 지금의 크로아티아 일부 지역을 포함하고 있었기 때문에 아드리아 해를 지키는 헝가리 해군도 존재하던 때였다. 우호통상항해조약을 맺는 과정에서 오스트리아·헝가리 연합제국의 군함인 즈리니호Zrinyi號가 1890년 10월에 중국 뤼순旅順 항에서 출발하여 제물포에 도착했다고 한다. 이 배에 타고 있던 군인들이 서울까지 방문하였고, 그 일행에 군의관이었던 가슈파르 페렌츠Gáspár Ferenc가 포함되어 있었다. 이 사람은 제물포에서 만난 유럽인 선교사와 함께 근방의 마을을 돌며 진료 활동도 했다고 한다. 그리고 몇 주 동안에 걸친 한국 방문의 결과를 후에 기록으로 남겨 놓았다.[25]

서양 의료인으로 한국 땅을 밟은 것은 미국인들이 먼저였고, 또 그들의 활동은 오늘날 한국 근대식 의료의 기초가 되었지만, 개항의 과정에서 헝가리인 의사가 한국을 다녀갔으며, 그 의사가 한국 방문의 경험을 기록으로 남겨 헝가리인들에게 한국이란 나라의 이미

25 가슈파르 페렌츠, 『4만 마일을 돛과 증기선으로』, 부다페스트, 1892. 초머 모세의 『한반도를 방문한 헝가리인들의 기억 비망록』(집문당, 2009, pp.14~17)의 설명을 인용한 것이다.

지를 전달해 주었다는 것은 매우 흥미로운 일이 아닐 수 없다. 즈리니호가 다녀간 뒤로부터 120년이 지나면서 이제는 한국의 젊은이들이 헝가리 의대에서 공부하게 되었고, 일부 대학에서는 헝가리 면허를 가진 졸업생까지 배출되었다. 이번에는 한국인들이 헝가리 사람을 진료할 수 있게 된 것이다.

역사로 보면 신대륙보다는 유럽의 대학들이 단연 최고의 위치에 있다. 페치대학교는 헝가리에서도 역사가 가장 오래된 대학이다.[26] 1367년에 러요시 1세가 주춧돌을 놓은 이래 여러 굴곡을 거치면서 2000년 1월에 오늘날과 같은 규모

26 페치대 영문 홈페이지 english.pte.hu 참조

로 페치에 정착하게 되었다. 인문대, 경영대, 사범대, 공대 등의 단과대학이 페치 시내 이곳저곳에 자리를 잡고 있으며, 학생 수는 2만 9천 명이 넘는다. 그중 의과대학은 일반의학General Medicine, 치의학Dentistry, 약학Pharmacy,

페치의대 본관 전경. 페치의대 홈페이지 사진

그리고 최근에 개설된 생명공학biotechnology 등 4개 전공으로 구성되어 있다. 페치 의과대학은 25개의 임상의학clinical과와 24개의 기초의학theoretical과로 되어 있다. 여기에 500여 명 이상의 의사, 연구원, 기초과학자들이 교육 과정에 참여하고 있으며, 의과대학에서는 도시 전체에 있는 대학 병원 등에서 총 1,350개에 이르는 병상을 관리하고 있다.

페치 의과대학은 1918년에 당시 헝가리 수도였던 포조니[Pozsony, 현재 슬로바키아의 수도인 브라티슬라바Bratislava를 가리키는 헝가리식 명칭]에 있던 '헝가리 왕립 에르세벳대학교Royal Hungarian Elizabeth University'에 설립된 의과대학에 기원을 둔다. 이 대학은 1923년에 페치로 이전하여 발전을 거듭하게 되었으며, 1985년부터는 영어 과정을 시작하여 수많은 외국학생을 받아들이고 있다.

헝가리 전역에는 네 개의 국립의과대학이 있는데, 그 각 학교에는 모두 영어 과정이 있으며, 한국 학생들도 그 영어 과정에서 공부하고 있다. 영어 외에도 독일어 과정이 있는데, 한국 학생 중에는 독일어로 공부하는 학생도 있다. 북유럽이나 남유럽에서 이 대학에 입학하여 수학하는 학생도 많고, 특히 노르웨이처럼 국가의 재정이 든든한 곳에서는 학생들의 학비는 물론이고 용돈까지 국가에서 대준다고 한다. 그렇지만 그 외의 나라에서 온 학생들은 스스로 학비를 조달해야 한다. 현지 헝가리 학생들 중에는 대부분 국비로, 말하자면 무료로 교육을 받고 있으나, 일부 학생은 등록금을 본인이 부담하여 공부하는 경우도 있다고 한다. 일종의 기여 입학이라고나 할까.

한국에서는 몇몇 유학 대행업체들이 예비과정의 학생들을 모집하여 송출하는 프로그램을 이용하거나, 아니면 직접 지원할 수도 있다. 사실 웬만큼 영어가 되고, 학업 능력이 있는 학생이라면 입학 자체는 어렵지 않다고 본다. 문제는 본과에서 공부하는 것이다. 세계 어느 나라에서도 의대 공부만큼은 어려운 것이 사실이다. 사람의 생명을 다루는 직업이니, 의사가 되기 위해서는 당연히 철저하고도 충실한 공부를 해야 한다. 사실 일반 학부라면 그 과목 하나로 3년 혹은 4년을 공부할 분량을 의과대학에서는 한두 학기에 끝내야 한다.

그리고 그것을 '달달' 외워야 한다. 한국에서는 흔히 '족보'라는 것이 돌아다녀서 시험에 대한 대비에 도움을 받기도 하지만, 한국 학생이 공부하기 시작한 지 얼마 되지 않아서 시험 요령을 전수받기도 힘든 형편이다. 게다가 헝가리 교육기관의 문화를 외국 학생이 잘 파악하지 못해서 생기는 착오도 가끔 생긴다. 수업도 영어로 하고, 시험도 영어로 쳐야 한다. 특히 구두시험은 피를 말린다.

헝가리 대학은 특히 기초과학에 중점을 둔다. 헝가리에서 노벨상을 받은 과학자가 10여 명이나 된다. 그만큼 대학과 거기 속한 연구자들은 자긍심이 강하다. 그들은 자기의 표준이 최고라고 생각하고, 학생들이 그 표준에 이를 것을 강요한다. 그러다 보니 학생들의 '소비자로서의 권리' 같은 것은 논외의 사항이다. 학교의 행정도 그렇게 학생 친화적이지는 않다. 헝가리 의대 그리고 페치의대에 대한 유럽에서의 평가가 괜찮다고는 하지만, 그곳에서 그러한 문화 가운데 공부해야 하는 학생들 입장에서 '평판'은 저 멀리에 있는 일이고 우선 당장 하루를 한 학기를 연명해야 하는 것이 현실이다.

타국에서 다른 언어권에서 스스로 생활하다 보니, 살림에 대한 부담도 없지 않다. 뭐 대학생쯤 되었으니 스스로 독립해서 사는 것이 마땅하지만, 한국에서처럼 부모의 뒷받침을 받기가 어렵다. 힘들어도 하소연할 곳이 없다. 다행히도 다른 서구권 국가와는 달리 페치 같은 도시에는 유흥문화가 없고 마약 같은 것도 드물어서 학생들이 딴 길로 샐 확률은 적다. 그러나 공부에 대한 극심한 스트레스가 인터넷 게임 중독으로 이어지는 경우도 없지 않다.

이러한 어려움은 자연히 학생 숫자의 감소로 이어진다. 우리 아이들도 입학할 무렵에는 50명쯤 되었는데, 2~3년 지나고 보니 그 10분의 1쯤만 남았다 한다. 남아 있는 학생들 중에도 제대로 코스를 달려가고 있는 학생은 손을 꼽을 만큼 적고, 많은 학생들이 그 코스를 다시 뛰고 있는 형편이다. 하긴 유럽의 대학들에서는 외국인뿐만 아니라 자국인 학생들마저도 제때 졸업하는 것이 쉽지는 않다고 한다. 사실 '제때'라는 표현이 무엇을 말하는 것인가는 우리나라와 다른 것 같다. 많은 학생들이 공부에 지치고, 성적에 실망하여 스스로 중도에 포기하는 일도 있고, 일부 학생은 같은 과목을 세 번째까지 마치지 못하여 소위 '삼진아웃'에 걸려 퇴학하는 경우도 있었다.

부모로서 일 년 동안 아이들과 함께 지내면서 그 과정을 지켜보니, 공부하라 마라 말할 계제가 되지 못한다는 것을 깨닫게 되었다. 그냥 거기서 공부하고 있는 것만으로도 감사했다.

여하간 몇 년이 되든지 그곳 대학을 졸업하면 그 아이들은 헝가리 의사 자격증을 받는다. 그때부터 Medical Doctor의대이거나 Medical Doctor of Dentistry치대가 된다. 그야말로 명실상부한 박사요, 의사가 된다. 그러나 어느 나라에서 진료를 하게 될 것인지는 사실 요원한 형편이다. 모든 나라가 그 나라에서 진료 행위를 허가하는 데 있어 외국인 의사에게는 일정한 제한을 하고 있으며, 의료기관의 개설은 무척 어렵기 때문이다. 한국에서 진료를 하려면, 한국의 의사면허를 따야 하는데 한국 의대 졸업생들과는 달리 예비시험을 한 차례 더 봐야 한다. 한국에서 고등학교를 졸업했다면 한국어 시험은 면제를 받을 수 있다.

사실 가장 인도적 행위인 의료 행위를 제한한다는 것은 모순이 아닐 수 없다. 언어만 잘 통한다면 의사야말로 국경에 제한 없이 진료할 수 있는 권리를 가져야 한다. 세계는 나날이 가까워지고 있으며, 국경의 말뚝도 점점 무디어져 가고 있다. 인류의 생활수준은 점차 나아지고 있는 것이 사실이지만, 병마의 위협은 어제나 오늘이나 여전하다. 그러한 위협에 대처하기 위해 '국경 없는 의사회'라는 자원봉사 단체도 있는 것으로 안다. 이 아이들이 졸업할 무렵에는 충분한 의료 지식도 갖추게 되고, 의사로서의 인격과 품성도 충분하게 될 것을 의심하지 않는다. 그리고 환자들과 의사소통할 수 있는 언어적 능력도 잘 갖추게 될 것이다. 그때쯤이면 정말 이 아이들이 국경 없이 진료할 수 있기를 부모로서 바라고 있다.

너의 정을 뒤로하고 나는 가노라

●여섯 번째 이야기●

페치교회
이야기

●

페치에 살게 되면서 자연스럽게 유학생들이 시작한 페치교회에 참석하
였다. 일반적으로 한국 사람들은 기독교 신앙이 없는 사람들일지라도 외
국에 살게 되면 그곳 한인교회에 출석하는 일이 많다. 교회에서는 한국
인들과 교제할 수 있기 때문이다. 그러나 페치에는 학생이 아닌 한국인
이 없었기 때문에 그런 이유에서가 아니고, 워낙 모태신앙인으로서 주일
엄수는 철칙과 같이 여기고 있는 차에 다행히 학생들의 교회가 있어서
출석하게 된 것이었다.

　만일 페치에 교회가 없었다면 한인교회를 찾아 부다페스트까지라도
갈 생각이 있었다. 페치에 한국 학생들이 모여들면서, 그중 신앙을 가진
학생들 중심으로 기도 모임이 시작되었고, 부다페스트 한인교회의 전폭
적인 후원을 통해 예배가 이루어지게 되었다. 문화와 언어가 다른 곳에
서, 교민은 한 사람도 살고 있지 않은 곳에서 유학생들이 교회를 꾸려가
는 것이 참으로 대견하였다.

　다행히 부다페스트 한인교회에서 매 주일 설교자를 파견해주었고 또

주일마다 한국 음식을 정성스럽게 준비하여 우리 학생들을 대접해 주었다. 한 달에 한 번, 또는 특별한 절기에는 담임목사 문창석 목사님이 오셔서 설교를 해주셨고, 두 주일에 한 번은 이화수 협동목사님(아주대학교 교수를 마치시고 목사 안수를 받아 헝가리 선교사로 오신 분)이 또 그 나머지 주일은 구경희 전도사님이 교대로 오셔서 설교를 해 주셨다. 사실 부다페스트 한인교회에서는 주일예배 후에 간단한 다과 정도로 교제를 하고 있는 데 비해, 이쪽 페치교회에 오셔서는 밥도 찌개도 반찬도 한식으로 풍성하게 차려 주곤 했다. 적지 않은 비용과 시간을 들여서 우리 학생들을 위해 헌신해 주신 것이다. 너무나 고마운 일이었다.

여름방학 기간에는 학생들이 대부분 한국으로 갔기 때문에 우리 내외와 한두 명의 학생만 모였다. 가을 학기가 시작하기 직전에는 특별 강사를 모시고 신앙 수련회를 1박 2일간 가지기도 했다. 강사로 오신 이연길 목사님은 내가 대학부 때 지도해 주셨던 분으로 미국 댈러스 빛내리교회에서 조기 은퇴하시고 한국 장로회신학대학에 초빙교수로 5년간 계셨으며, 이제는 공식 사역을 다 마치신 상태였다. 제자가 헝가리에서 초대하니 불원천리 오셨고, 우리 학생들을 위한 집회와 한인교회 두 곳의 예배와 신앙 수련회도 인도해 주셨고, 헝가리 선교사회의 선교사 수련 모임에서도 특강을 해주셨다.

페치 개혁교회의 교육관에서 한국 학생들이 예배드린다.

가을 학기에는 마침 이화수 목사님이

한국으로 당분간 가시게 되어 내가 그 빈자리를 맡게 되었다. 평소 성경을 문학으로 연구하던 차에 예배의 강단을 맡게 되자, 설교 형식에 맞는지는 모르지만 내가 경험한 성경을 학생들에게 이야기로 전달하였다. 또 그런 때에는 아내가 학생들 식사 준비를 하였다. 아내는 페치 도착 이후부터 자신의 전공을 살려 예배 찬송의 피아노 반주자로 봉사했다.

페치의대에서 공부하는 학생들을 가까이에서 지켜보니, 학기를 제대로 마치기가 너무 어려울 정도로 공부의 분량이 많았고, 또 엄격한 학사 관리에서 살아남기 위해서 몸부림을 해야 했다. 이런 학생들을 가까이에서 위로하고 신앙적으로 지도해주실 분이 필요하다는 생각이 간절하게 들었다. 페치에 거주하는 전임 사역자가 계시면 좋겠다는 의견을 조심스럽게 문창석 목사님께 말씀드렸더니, 마침 부다페스트 교회에서도 같은 생각을 가지고 계셨다. 헝가리 선교사회 회장으로 계시는 한인장로교회 정채화 목사님과도 이 문제로 상의를 해보기도 했다. 그러나 재정적 후원에 대한 준비가 없는 상태에서는 담임목사님을 모시는 것이 쉽지 않았다.

그러던 중 11월 중순경에 뜻밖에도 한국에서 목사님 한 분이 페치에 오셨다. 다름이 아니라 부다페스트 한인교회 교우 한 분이 자기 사촌인 목사님에게 페치에 한번 와 보겠느냐고 초청했다는 것이다. 이때 오신 김선호 목사님은 주일 설교를 하고 바로 부다페스트로 돌아갔는데, 페치 교회의 형편과 페치 시의 생활 형편을 알아보기 위해 다음 날 한 번 더 오게 되었다. 나는 목사님을 맞아 페치 시내를 구석구석 보여 드렸고, 교회 형편에 대해서도 설명해 드렸다. 학생 리더들과도 한 차례 만나서 의견을 교환했다. 학생들은 두말할 것 없이 대환영의 반응을 보였다. 김 목사님은 한국으로 돌아간 바로 그 주에 페치로 오시겠다는 말씀을 전해 왔다. '페치에 내 백성이 있다'는 하나님의 음성을 들으셨다고 한다. 우리 내외가 페치를 떠나야 하는 상황에서 전임 목사님의 부임은 당사자인 학생들뿐 아니라 우리에게도 큰 기쁨과 안심이 되었다.

우리 내외는 2012년 말에 한국으로 귀임하였다. 그렇지만 계속해서 페치교회를 도와야 한다는 사명을 받았다고 생각하고 페치교회 후원회를 추진하기로 하였다. 페치에 있을 때에 학생들에게도 취지를 설명하고 부모님께 연락해달라고 부탁하였다. 의지할 데라고는 학부모들밖에 없었다. 다행히도 평소에 기도하고 계시던 많은 학부모님들께서 참여 의사를 밝혀주시고 기도와 물질로 협조해 주시기로 약속하셨으며, 이로써 페치교회 후원회가 잘 결성되기에 이르렀다. 이 후원회는 인터넷 카페를 만들어 정기 모임도 가지면서 페치교회가 든든히 뿌리를 내리는 데 조금이나마 기여할 수 있게 되었다.

나는 최종적으로는 페치교회가 자립해야 한다고 생각한다. 현재는 후원회가 학부모 중심으로 결성되어 교회 운영의 3분의 1 정도만 담당하고 있지만, 앞으로 페치에서 졸업생이 나오고, 이들이 세계 각지에서 사역을 하게 되면 영혼의 고향인 페치를 위해서 다시 헌신하리라 기대하고 있다. 선배들의 후원을 받아 후배들이 졸업하게 되고, 이러한 선한 순환이 계속되는 과정에서 많은 의료 선교사들이 양성될 수 있을 것이다. 하나님 나라가 확장되는 데에 이들이 크게 쓰이게 될 것이라 믿는다.

페치에서 공부하는 것은 학생들에게는 아주 쓸쓸한 체험이기는 하나, 사실 페치는 참으로 아름다운 곳이다. 비록 학생들이 스스로 생활을 하지만 한국에서 지내는 것보다 공부에 더 집중할 수 있고 다른 유혹에 빠질 확률이 적은 곳이기도 하다. 그러나 여전히 학생은 학생이다. 공부의 압박은 너무 심하여 스스로는 이겨내기 힘든 경우가 많다. 다행히 김선호 목사님께서 과거 모 대학병원의 원목으로서 병원의 생리도 잘 알고 계시고, 의대생들도 많이 상담해보셨기 때문에 이러한 문제에 있어서 아주 적절한 사역을 하실 것이라 기대하고 있다. 김선호 목사님은 2013년 2월 첫 주부터 페치 사역을 시작하였다. 그를 통해서 하나님의 역사가 일어나기를 기도한다.

너의 정을 뒤로하고 나는 가노라

결국
돌아가야 한다

시간이 흘러 2012년도 마지막 달이 되었다. 우리는 시간을 결코 멈추게 할 수는 없지만 시간을 길게 쓸 수는 있다. 헝가리에서 1년을 보내면서, 그렇게 해 보려고 노력했다. 몇 가지 해야 할 일에 집중할 수 있는 기회가 되었기 때문이었다.

우선 지난해까지 3년간 추진했던 신소설 어휘사전을 마무리해야 했는데, 상반기에 밤잠을 설쳐가며 잘 마무리했다. 2년 동안 책(『계량적 문학연구』)을 한 권 쓰는 일은 마감 날인 11월 30일에 맞추어 제출했다. 이두 일은 모두 내가 꼭 해야 하는 일이었다. 헝가리 대학에서 한국어 강의도 했고, 친지들과 많은 지역을 여행하기도 했다.

그런데 몇 가지 하지 못한 일들이 남았다. 독일 작곡가 바흐 J. S. Bach의 생애와 음악을 탐구하는 투어를 하지 못했다. 라이프치히 Leipzig나 바이마르 Weimar 등에 남아 있는 바흐의 흔적을 찾아 여행한 다음에 책을 하나 엮으려 했는데, 잠시 미뤄두기로 했다. 그동안 써왔던 에세이를 묶어서 책으로 내는 것도 미룬다. 대신 헝가리 생활 이야기를 여러 편 쓰게 되었다.

그 이야기가 이제 책으로 엮인다.

그러고 보니 여행은 서운하지 않을 정도로 많이 한 셈이었다. 운동은 이곳 산을 트레킹 하는 것으로 대신했다. 오스트리아 알프스Alps는 경험해 보았지만 스위스 알프스까지는 가보지 못했다.

귀국을 위해서 몇 가지 일을 정리해야 했다. 우선 아이들만 남기 때문에 다시 집을 줄이기로 하고, 학교 가까운 곳의 아파트로 이사를 했다. 아파트는 다행히 지역난방이 닿는 곳이라서 매우 따뜻했다. 한국에서 가져온 옷가지나 기념품으로 구입했던 물품들을 EMS 편으로 보냈다. 운송비용이 물건 값보다 더 나오는 듯했지만 그렇다고 버릴 수도 없는 노릇이고, 한국에서 당장 필요한 것이라서 부쳐야 했다. 안타깝게도 2011년 중반에 한국과 헝가리 사이에는 선박을 이용한 화물 운송이 중단되었다. 그래서 부득이 항공편만을 이용해야 한다.

그리고 제일 중요한 것, 차를 되팔아야 했다. 미국에서는 다행인지 불행인지 몰라도 귀국할 무렵에 캐러밴이 대파되는 사고를 겪었다. 그 덕분에 차 파는 문제가 해결되었는데, 아무리 편하다고 해도 그런 일이 일어나면 안 되는 것이다. 그래서 스스로 처분해야 했다. 아니면 한국으로 가져갈 수도 있었다. 나머지 가족은 후자를 주장했고, 나 혼자만 팔아야 한다고 했다. 현지 중고차 딜러는 현찰 매입 가격을 너무 낮게 제시했는데, 그들이 인터넷에 게시한 동일 수준의 차량 판매 가격과는 엄청난 차이가 났다. 한 대 매입해서 팔면 한 사람의 일 년분 인건비가 나오는 것 아닌가 싶을 정도였다. 다행히 부다페스트에서 이 차를 필요로 하는 분이 있어서 적절한 가격에 넘기게 되었다. 그리고 그 돈은 아이들 한 학기 등록금과 약간의 생활비로 페치에 남게 되었다.

페치 생활 내내 나는 정년 이후의 삶을 생각하고 있었다. 9년 정도 남았는데, 페치로 다시 오고 싶은 생각이 많았다. 특히 현지의 친구들을 사귀게 되면서 그런 생각이 더 굳어졌다. 안나 네 가족은 모하치로 오라고,

자기들이 두너 강변에 집을 알아봐 주겠다고 했다.

요트나 한 대 사서 저 독일부터 흑해까지 두너 강을 타고 일없이 오고 가는 것도 재미있을 거야……. 페치에서 살면 지하실이 있는 집을 사야겠지……. 코넬리아 아빠에게 포도주 담그는 법이며, 각종 잼과 피클 만드는 법도 배워야겠다…….

그리고 한국문화센터를 하나 해보고 싶다. 대학 근처에 보험회사로 쓰던 널찍한 건물이 매물로 나왔는데 그 정도라면 아주 좋을 듯싶었다. 그래서 슈퍼마켓을 다녀올 때마다 이 건물 주위를 서성이곤 했다. 마치 출애굽 한 이스라엘 백성이 여리고Jericho 성을 돌았듯이 말이다.

아내는 헝가리로 다시 오는 것은 좋은데, 그때는 교민들이 좀 있는 곳으로 가고 싶단다. 그렇다. 이곳 페치는 아내에게는 외로운 공간일 수 있다. 그때가 되면 더군다나 아이들 없이 우리끼리 살아야 하는데 말이다. 그럼에도 불구하고 현지 친구들은 쌍수를 들어 환영한다. 그 친구들의 아이들이 어떤 식으로든 한국과 인연을 맺게 될 것이며, 아무래도 계속 연락을 하게 될 것 같았다.

돌아갈 날이 다가왔다. 그런데 나는 정말 엉뚱하게 우리가 돌아갈 수 없을지 모른다고 생각했다. 말레브Malév 항공(내가 프라하에서 부다페스트까지 타고 왔던 헝가리 국영항공사 이름)이 곧바로 부도가 나버려서 돌아가는 티켓이 무효가 되었을 것이라고 짐작한 것이다. 어쩌면 그냥 헝가리에 머물고 싶은 생각이 강했기에 그런 상황을 지레짐작했던 것이 아닌지 모르겠다. 그러나 그게 아니었다. 항공편을 알아보려 항공권을 들춰 보니 원래부터 돌아가는 편은 체코항공 비행기였다. 우흐…….

귀국 며칠 전에는 페치교회 학생들이 함께 식사하자면서 페치에서 만든 가죽 장갑을 선물로 전한다. 마지막 날에는 현지에서 사귄 친구들과도 작별해야 했다. 안나 네는 눈길을 뚫고 모하치에서부터 달려왔다. 선물까지 한아름 들고 왔다. 코넬리아와는 마지막 수업을 했다. 우리는 서

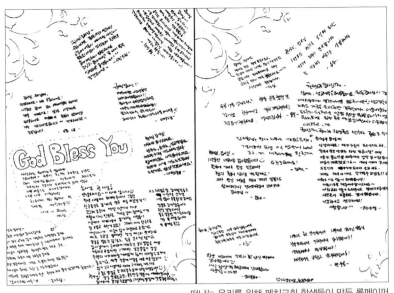

떠나는 우리를 위해 페치교회 학생들이 만든 롤페이퍼

로 아쉬운 작별을 했고, 자그마한 선물도 주고받았다. 그리고 헝가리에
서는 한 번도 맺혀지지 않은 물방울이 눈가에 맴돌았다.

그래, 다시 돌아올 거야.

● *epilogue* - 헝앓이

나에게 헝가리Hungary는 헝앓이Hung-ary가 되었다.

결코 길지 않았던 헝가리 생활이었지만 그것은 내 머릿속 뇌 조직의 어딘가에 깊이 파고들었다. 고향이라는 말과 연관된 어떤 공간은 슬며시 마자르 평원의 어느 곳으로 바뀌기 시작했다. 다소 소박하고 어두워 보이는 헝가리 사람들의 마음 깊이에 가라앉은 것은 어느 시인이 슬라브 여인을 가리켜 말했던 '놋쇠 항아리'(김춘수 시인의 「나의 하나님」이란 시의 한 구절)가 아니라 바로 '정情'이었다.

잘사는 것은 무엇이고, 못사는 것은 어떤 것인가?
비록 낡은 집이나마 깨끗하게 정리하고 제라늄 몇 분이라도 창가에 피워두는 마음씨가 넉넉한 삶의 징표 아닌가?
저녁이면 집에서 요리한 음식을 식구들과 나누며 틈나는 대로 유행이 지난 책일망정 한 줄 한 줄 읽어가는 삶이 참된 가정생활이 아닌가?
먼지와 공해가 없는 땅에서 유해한 식품 첨가물은 이름도 모르고 살아가는 그들이 정말 생태적 삶을 살고 있지 않은가?

음악의 계절이 되면, 오래된 내외들이 그들의 얼굴만큼이나 주름진 예복을 꺼내어 입고 자전거를 타거나 시내버스를 타거나 혹은 낡은 피아트라도 타고서 음악당에 모여드는 그들이 교양인이 아닌가?

코다이센터의 로비에서 서로 살아온 이야기를 나누다가, 시간이 되면 고전음악에 취하여 또 살아갈 이야기를 만들어가는 그들이 문화적이지 않은가?

투박할망정 곱게 색을 칠하고 무늬를 입힌 접시에 각색 신선한 야채와 유제품들을 담아 놓은 그들의 식탁이 바로 낙원의 식사 자리가 아닌가?

거리는 좁고 도로에 접한 건물은 낡아가지만 불편함을 호소하기보다 선조들의 값진 유산과 더불어 살아감을 긍지로 여기는 그들 외에 누구를 교양인이라 할 것인가?

 긴 역사의 굴곡 가운데서 헝가리인들은 지금 그 굴곡의 가장 낮은 부분을 지나고 있다. 언제쯤 다시 오르막을 걷게 될지는 아무도 모른다. 그러나 헝가리 평원에 비추는 햇볕은 여전히 밝고 투명하다. 봄날이면 찌르레기들이 날아와서 빠

른 박자의 노래를 불러준다. 헝가리인들의 오르막을 미리 축하하는 것이리라. 그
들이 자신들의 능력과 역량을 스스로 알아차리는 순간부터 오르막은 시작할 것
이다. 내가 헝가리로 돌아갈 무렵이면 모두의 표정에 그러한 오르막이 보이길 간
절히 기대한다.

　페치는 보물 창고였다. 나는 많은 보물을 찾았고, 그걸 여러분께 다 공개했다.
내가 마지막에 찾은 최고의 보물, 그것은 우리가 잊어버리고 있던 사람 사이의
'정'이었다. 나는 헝가리 사람들에게서 그 '정'을 갚을 길 없이 많이 받았다.

　더 찾아야 할 보물이 아직도 많이 남은 그곳, 페치를 나는 그리워한다.

• bibliography

- 디오세기 이슈트반(Diószegi István) 지음, 김지영 옮김, 『모순의 제국』, 한국외대 출판부, 2013
- 박수영 편역, 『외국인을 위한 헝가리어』, 한국외대출판부, 1992
- 박수영, 『한국어 헝가리어 사전』, 한국외대출판부, 2012
- 윤성희, 『배가 고프세요? 화가 나세요? 헝가리로 오세요!』, 보이스사, 2011
- 이보상 역, 『匈牙利 愛國者 噶蘇士傳 (헝가리 애국자 갈소사(Kossuth)전)』, 박문 서관, 1908
- 주전너 어르도(Zsuzsanna Ardó) 지음, 이현철 · 노지양 옮김, 『헝가리(큐리어스 시리즈 47)』(원제 Culture Shock), 휘슬러, 2005
- 초머, 모세, 『한반도를 방문한 헝가리인들의 기억 비망록』, 집문당, 2009
- Lampert, Vera and Vikárius László eds., *Folk Music in Bartók's Compositions*, Budapest: Institute for Musicology of the Hungarian Academy of Sciences, 2005.
- László, Botos ed., *Selected Studies in Hungarian History*, Budapest: HUN-idea Szellemi Hagyományőrző Műhely, 2010
- Vámos, Miklós and Sárközi, Mátyás, *The Xenophobe's Guide To The Hungarians*, London: Oval Books, 1999

- 구글(Google) 지도와 이미지
- 위키피디아(Wikipedia)의 콘텐츠
- 헝가리의 하은이네(blog.daum.net/hungary)
- 좌충우돌 헝가리 이야기(blog.daum.net/aracsi)
- 주헝가리 한국대사관(hun.mofat.go.kr)
- 페치의대 한인학생회(www.poteka.net)
- Corvinus Library, Hungarian History(www.hungarianhistory.com)